中国深空测控技术丛书
"十四五"时期国家重点出版物出版专项规划项目

GNSS Application Technology for
Deep Space Navigation

深空测控GNSS应用技术

樊敏　李海涛　黄勇　著

清华大学出版社
北京

内容简介

全球导航卫星系统(GNSS)已广泛应用于陆地、海洋、航空航天等领域，可以为用户提供高精度自主导航服务。但在更远的地月空间应用 GNSS 技术进行导航，面临信号减弱、可见星数少、测量几何差等难题。为此，本书结合我国探月工程测控系统总体设计和工程实践的最新成果，系统介绍了探月轨道的 GNSS 特征、基于 GNSS 的月球探测器精密定轨和自主导航，以及将 GNSS 应用于深空测控的关键技术等。本书既含基础知识又有创新研究成果，从理论基础、工程实践和技术验证等方面进行了详细论述，对我国月球与深空探测导航体系建设和发展具有推动作用。

本书主要面向深空测量与导航领域的工程技术人员、科学研究人员及高校师生，对于对深空测控技术感兴趣的读者也具有阅读参考价值。

版权所有，侵权必究。举报：010-62782989，beiqinquan@tup.tsinghua.edu.cn。

图书在版编目(CIP)数据

深空测控 GNSS 应用技术 / 樊敏，李海涛，黄勇著. -- 北京：清华大学出版社，2025.3. -- (中国深空测控技术丛书). -- ISBN 978-7-302-68697-2

Ⅰ. V1

中国国家版本馆 CIP 数据核字第 202585367P 号

责任编辑：程　洋
封面设计：傅瑞学
责任校对：薄军霞
责任印制：丛怀宇

出版发行：清华大学出版社
    网　　址：https://www.tup.com.cn, https://www.wqxuetang.com
    地　　址：北京清华大学学研大厦A座　　邮　编：100084
    社 总 机：010-83470000　　邮　购：010-62786544
    投稿与读者服务：010-62776969, c-service@tup.tsinghua.edu.cn
    质量反馈：010-62772015, zhiliang@tup.tsinghua.edu.cn
印 装 者：三河市东方印刷有限公司
经　　销：全国新华书店
开　　本：153mm×235mm　　印　张：12.25　　插　页：8　　字　数：226 千字
版　　次：2025 年 3 月第 1 版　　印　次：2025 年 3 月第 1 次印刷
定　　价：99.00 元

产品编号：102174-01

"中国深空测控技术丛书"编审委员会

主　任：吴伟仁
副主任：凌绪强
委　员：孙　威　李海涛　高　昕　李东伟　陈登科
　　　　周　彬　谌　明　李　赞　黄　磊　谭　伟
　　　　樊　敏　万　鹏　徐得珍　段玉虎　王自力
　　　　李新胜　詹亚锋
秘　书：崔吉祥　徐得珍

"中国深空测控技术丛书" 序

对未知世界的探索,是人类发展的永恒动力;对茫茫宇宙的认知,是人类的不懈追求。人类对于深空的探索,会让人类更加懂得,要珍惜共同的家园——地球。进入21世纪以来,随着航天技术与空间科学的飞速发展,人类认识宇宙的手段越来越丰富,范围也越来越广;开展地月日大系统研究,进行太阳系边际探测,已成为人类航天活动的重要方向。无论是从技术难度、规模大小,还是科学贡献来看,深空探测都处于前沿领域。可以说,深空探测已经成为21世纪世界航天大国和空间组织进行科技创新的战略制高点。

深空测控具有作用距离远、信号微弱、信号时延大和信号动态大等特点,是实施深空探测任务需关注的首要问题,其技术含量高、难度大,被称为航天测控领域的"技术皇冠"。深空测控系统作为专用于深空航天器跟踪测量、监视控制和信息交换的系统,在深空探测任务中具有不可替代的重要地位和作用。通常,将地面的多个深空测控站组成的测控网称为"深空网"或"深空测控网",特指专门用于深空航天器测控和数据通信的专用测控网,它配有大口径抛物面天线、大功率发射机、极高灵敏度接收系统、信号处理中心以及高精度高稳定度时间频率系统,能完成月球和深空探测器的测控通信任务。

自2004年启动实施探月工程以来,中国深空测控系统建设问题就提上了议事日程,先后历经了规划论证、关键技术攻关、系统建设应用三个阶段。2008年探月工程二期立项后,率先建设了国内喀什35m和佳木斯66m两个深空站,于2013年建成并成功支持了"嫦娥二号"拓展任务和"嫦娥三号"任务实施;2011年探月工程三期立项,又确定在南美洲建设第三个深空站,最终在2017年建成阿根廷35m深空站并投入使用,成功支持了"嫦娥四号"和"嫦娥五号"任务。中国深空测控网的研制建设前后历时十年,最终拥有了功能体系完备的深空测控能力,并成为与美国深空网和欧洲航天局深空网比肩的世界三大全球布局深空测控网之一,具备了独立支持月球和深空探测任务的能力。在我国首次火星探测任务中,又在喀什深空站建成了由四个35m口径天线组成的第一个深空测控天线阵系统,进一步增强了深空探测任务测控支持能力。未来中国深空测控网将面临更复杂的测控通信任务、更遥远的测控通信距离、更高的深空导航精度等诸多新的挑战。伴随着后续月球和深空探测工程的实施,中国深空测控网将向更高的频段、更高的测量精度、更强的通信能力发展,Ka 频段技术、深空光通信、射频光学一体化、百千瓦级超大功率发射、广域天线组阵等更尖端的测控通信技术将应用于深空测控网。

这套"中国深空测控技术丛书"由参与深空测控系统设计与研制建设的一线技术专家,对中国深空测控网系统设计、研制建设、工程应用和技术攻关所取得的技术成果和工程经验进行了系统性总结凝练而成,内容涵盖了深空测控网系统设计、深空无线电测量技术、深空通信技术、深空测控大口径天线、大功率发射、超高灵敏度接收以及信号处理等技术领域。

这是一套凝结了中国深空测控系统设计和研制建设一线专家十数年心血的集大成之作,汇集了专家们的智慧和经验;这是一套系统性总结中国深空测控技术领域创新发展的引领之作,蕴含着专家们的创新理念和思路;这是一套指引中国深空测控系统技术发展的启迪之作,透露出专家们对未来技术发展方向的思考和畅想。我们相信这套丛书会对我国从事深空测控技术领域的工程技术人员提供有益的借鉴和指导;这也是为立志投身深空探测事业的年轻读者提供的一套内容丰富的技术全书,为他们的成长提供充足的动力。

中国探月工程总设计师
中国工程院院士　吴伟仁
2022 年 4 月

前言

全球导航卫星系统(GNSS)已广泛应用于陆地、海洋、航空航天等领域,可以为用户提供高精度自主导航服务。但在更远的地月空间应用 GNSS 技术进行导航,面临信号减弱、可见星数少、测量几何差等难题。为此,本书结合我国探月工程测控系统总体设计和工程实践的最新成果,系统介绍了探月轨道的 GNSS 特征、基于 GNSS 的月球探测器精密定轨和自主导航,以及将 GNSS 应用于深空测控的关键技术等。本书主要特点是技术原理与工程应用相结合,既含基础知识又有创新研究成果,从理论基础、工程实践和技术验证等方面进行了详细论述,对我国月球与深空探测导航体系建设和发展具有推动作用。

本书第 1 章从 GNSS 技术的应用发展、月球探测器导航技术,引出了将 GNSS 技术应用于深空测控的重要性和面临的挑战;第 2 章和第 3 章介绍了深空测控涉及的时间与坐标系统、动力学模型和测量模型等;第 4 章、第 5 章和第 6 章是本书的重点,分别论述了探月轨道的 GNSS 特征、基于 GNSS 的月球探测器精密定轨和自主导航;第 7 章对 GNSS 应用于深空测控的关键技术进行了论述。

本书由樊敏、李海涛和黄勇共同完成,樊敏负责全书的策划和统稿,并完成第 1 章、第 2 章、第 5 章、第 6 章的撰写;李海涛完成第 4 章、第 7 章的撰写;黄勇完成第 3 章的撰写。在本书的撰写过程中,中国科学院上海天文台的胡小工、李培佳、周善石、唐成盼和北京跟踪与通信技术研究所的董光亮、李赞、黄磊、王宏、程承、陈少伍、徐得珍、辛晓生,以及北京航天飞行控制中心的曹建峰等提供了相关文献资料和有益帮助,在此一并表示感谢。

由于作者学识和水平有限,书中难免有疏漏之处,诚请读者批评指正。

作 者

2024 年 1 月

目录

第1章 绪论 ⋯⋯⋯⋯⋯⋯⋯⋯⋯⋯⋯⋯⋯⋯⋯⋯⋯⋯⋯⋯⋯⋯⋯⋯⋯⋯ 1
  1.1 GNSS技术的应用发展 ⋯⋯⋯⋯⋯⋯⋯⋯⋯⋯⋯⋯⋯⋯⋯⋯⋯ 2
  1.2 GNSS在更高轨道上的应用 ⋯⋯⋯⋯⋯⋯⋯⋯⋯⋯⋯⋯⋯⋯⋯ 3
  1.3 月球探测器导航技术的发展 ⋯⋯⋯⋯⋯⋯⋯⋯⋯⋯⋯⋯⋯⋯ 11
  1.4 未来月球与深空测控面临的挑战 ⋯⋯⋯⋯⋯⋯⋯⋯⋯⋯⋯⋯ 14
  参考文献 ⋯⋯⋯⋯⋯⋯⋯⋯⋯⋯⋯⋯⋯⋯⋯⋯⋯⋯⋯⋯⋯⋯⋯⋯ 17

第2章 时间与坐标系统 ⋯⋯⋯⋯⋯⋯⋯⋯⋯⋯⋯⋯⋯⋯⋯⋯⋯⋯⋯ 22
  2.1 时间系统 ⋯⋯⋯⋯⋯⋯⋯⋯⋯⋯⋯⋯⋯⋯⋯⋯⋯⋯⋯⋯⋯⋯ 23
  2.2 坐标系统 ⋯⋯⋯⋯⋯⋯⋯⋯⋯⋯⋯⋯⋯⋯⋯⋯⋯⋯⋯⋯⋯⋯ 26
      2.2.1 大地坐标系 ⋯⋯⋯⋯⋯⋯⋯⋯⋯⋯⋯⋯⋯⋯⋯⋯⋯⋯ 31
      2.2.2 站心坐标系 ⋯⋯⋯⋯⋯⋯⋯⋯⋯⋯⋯⋯⋯⋯⋯⋯⋯⋯ 32
      2.2.3 月球地理坐标系 ⋯⋯⋯⋯⋯⋯⋯⋯⋯⋯⋯⋯⋯⋯⋯⋯ 32
      2.2.4 月面当地坐标系 ⋯⋯⋯⋯⋯⋯⋯⋯⋯⋯⋯⋯⋯⋯⋯⋯ 33
      2.2.5 月固坐标系和月面当地坐标系的转换 ⋯⋯⋯⋯⋯⋯⋯ 34
  2.3 常数系统 ⋯⋯⋯⋯⋯⋯⋯⋯⋯⋯⋯⋯⋯⋯⋯⋯⋯⋯⋯⋯⋯⋯ 34
      2.3.1 基础常数 ⋯⋯⋯⋯⋯⋯⋯⋯⋯⋯⋯⋯⋯⋯⋯⋯⋯⋯⋯ 34
      2.3.2 测站坐标及改正 ⋯⋯⋯⋯⋯⋯⋯⋯⋯⋯⋯⋯⋯⋯⋯⋯ 35
  参考文献 ⋯⋯⋯⋯⋯⋯⋯⋯⋯⋯⋯⋯⋯⋯⋯⋯⋯⋯⋯⋯⋯⋯⋯⋯ 38

第3章 动力学模型和测量模型 ⋯⋯⋯⋯⋯⋯⋯⋯⋯⋯⋯⋯⋯⋯⋯⋯ 40
  3.1 动力学模型 ⋯⋯⋯⋯⋯⋯⋯⋯⋯⋯⋯⋯⋯⋯⋯⋯⋯⋯⋯⋯⋯ 41
      3.1.1 主要摄动力模型 ⋯⋯⋯⋯⋯⋯⋯⋯⋯⋯⋯⋯⋯⋯⋯⋯ 41
      3.1.2 月球重力场模型对定轨精度的影响分析 ⋯⋯⋯⋯⋯⋯ 44
  3.2 GNSS测量模型 ⋯⋯⋯⋯⋯⋯⋯⋯⋯⋯⋯⋯⋯⋯⋯⋯⋯⋯⋯ 49
      3.2.1 伪距/相位测量模型 ⋯⋯⋯⋯⋯⋯⋯⋯⋯⋯⋯⋯⋯⋯⋯ 49
      3.2.2 差分伪距/相位测量模型 ⋯⋯⋯⋯⋯⋯⋯⋯⋯⋯⋯⋯⋯ 53
      3.2.3 相位平滑伪距测量模型 ⋯⋯⋯⋯⋯⋯⋯⋯⋯⋯⋯⋯⋯ 54
  3.3 地基测量模型 ⋯⋯⋯⋯⋯⋯⋯⋯⋯⋯⋯⋯⋯⋯⋯⋯⋯⋯⋯⋯ 55
      3.3.1 双向测距和多普勒测量 ⋯⋯⋯⋯⋯⋯⋯⋯⋯⋯⋯⋯⋯ 55

　　　　3.3.2　差分干涉测量 ·· 66
　　　　3.3.3　同波束干涉测量 ·· 68
　3.4　本章小结 ··· 70
　参考文献 ··· 70

第4章　探月轨道的 GNSS 特征 ·· 72
　4.1　GNSS 信号可见性分析 ·· 73
　　　　4.1.1　姿态建模 ··· 75
　　　　4.1.2　链路分析 ··· 76
　　　　4.1.3　实测数据验证 ·· 80
　4.2　GNSS 信号动态性分析 ·· 87
　4.3　位置精度因子 ·· 88
　4.4　地月转移轨道段分析 ··· 90
　　　　4.4.1　轨道特征和仿真场景 ·· 91
　　　　4.4.2　可见性 ··· 92
　　　　4.4.3　动态性 ··· 96
　　　　4.4.4　精度因子 ·· 100
　4.5　环月轨道段分析 ··· 103
　　　　4.5.1　可见性 ·· 104
　　　　4.5.2　动态性 ·· 106
　　　　4.5.3　精度因子 ·· 108
　4.6　动力下降和月面工作段分析 ······································ 111
　　　　4.6.1　动力下降段的动态性和精度因子 ······························ 111
　　　　4.6.2　月面工作段的动态性和精度因子 ······························ 113
　4.7　对接收机设计的建议和要求 ······································ 114
　4.8　本章小结 ··· 115
　参考文献 ·· 116

第5章　基于 GNSS 的月球探测器精密定轨 ······························ 118
　5.1　精密定轨算法 ··· 119
　5.2　GNSS 数据精密定轨 ··· 121
　　　　5.2.1　GNSS 卫星星历插值算法 ····································· 121
　　　　5.2.2　差分观测量的定轨解算 ······································ 124
　　　　5.2.3　递归求解钟差算法 ·· 126
　5.3　实测数据验证 ··· 127
　　　　5.3.1　GRACE 卫星精密定轨 ······································· 127

5.3.2　HEO 和 GEO 卫星精密定轨 ·· 129
5.4　CE-5T1 转移轨道实测数据定轨精度分析 ····································· 131
　　5.4.1　GNSS 数据定轨分析 ·· 131
　　5.4.2　定轨预报精度分析 ·· 133
　　5.4.3　GNSS 测量数据残差分析 ·· 135
5.5　CE-5 转移轨道天地基联合定轨精度分析 ······································ 136
　　5.5.1　测量与导航体系设计 ··· 137
　　5.5.2　导航精度评估 ·· 143
　　5.5.3　讨论和结论 ··· 146
5.6　典型探月任务全弧段 GNSS 定轨预报精度仿真分析 ························ 147
　　5.6.1　地月转移轨道段 ··· 148
　　5.6.2　环月轨道段 ··· 150
　　5.6.3　动力下降和月面工作段 ·· 153
5.7　本章小结 ·· 155
参考文献 ·· 156

第 6 章　基于 GNSS 的月球探测器自主导航 ································ 158
6.1　自主定轨算法 ·· 159
6.2　CE-5T1 转移轨道段实测数据分析 ··· 164
6.3　CE-5T1 环月轨道段实测数据分析 ··· 167
6.4　本章小结 ·· 170
参考文献 ·· 171

第 7 章　GNSS 应用于深空测控的关键技术 ································· 172
7.1　高灵敏度 GNSS 接收机技术 ··· 173
　　7.1.1　高灵敏度 GNSS 信号快速捕获技术 ···································· 173
　　7.1.2　高灵敏度 GNSS 信号稳定跟踪技术 ···································· 174
　　7.1.3　高灵敏度帧同步及电文解调技术 ······································· 175
7.2　地面辅助 GNSS 导航技术 ·· 176
　　7.2.1　辅助月球探测器 GNSS 接收机信号捕获的方法 ····················· 176
　　7.2.2　月球探测器测控导航一体化设计 ······································· 179
参考文献 ·· 181

第1章　绪论

1.1　GNSS 技术的应用发展

全球导航卫星系统(Global Navigation Satellite System, GNSS)以提供全球、全天候、连续和高精度导航服务的特点逐渐成为重要的空间基础设施,广泛应用于陆地、海洋、航空航天等领域,主要为用户提供高精度定位、导航和授时(positioning, navigation and timing, PNT)等多方面的服务[1-2]。世界主要航天大国和机构均已建设自主的导航系统并不断提升系统性能。美国的全球定位系统(Global Positioning System, GPS)作为首个提供全球服务的系统,自 20 世纪 90 年代开始提供导航服务至今,始终在现代化进程中不断发展、完善;俄罗斯的格洛纳斯全球导航卫星系统(Global Navigation Satellite System, GLONASS)也在逐步补充导航卫星,从而进一步提高导航精度;欧洲的伽利略卫星导航系统(Galileo satellite navigation system)于 2023 年完成组网,可以提供精确、可靠的全球定位导航服务;我国的北斗卫星导航系统(Beidou Navigation Satellite System, BDS)已于 2020 年全面部署完成,全球系统正式开通,可以提供更加完善的导航服务。另外,日本、印度等国家也在加紧建立自主的区域导航系统,实现本土区域内用户的高精度 PNT。

近 20 年来,由于 GNSS 应用技术的发展,尤其是星载接收机研制方面的进展,GNSS 系统可以满足地面至 3000km 高度的近地服务域(terrestrial service volume, TSV)内用户的实时高精度导航需求。目前,利用 GNSS 高精度测量数据对低地球轨道(low Earth orbit, LEO)卫星精密定轨的技术已经成熟,定轨精度可以达到厘米级[3]。对于 TSV 范围以外(3000～36 000km)空间服务域(space service volume, SSV)的用户,如何利用 GNSS 技术提供 PNT 服务受到广泛重视[4]。相比于 TSV 用户,SSV 用户的可见 GNSS 卫星数量少、测量几何较差、接收信号较弱。通过提高接收机的灵敏度和动态性能,可以实现对旁瓣信号的捕获和跟踪,同时使接收机具备多系统工作模式,可以有效提高可见星数量并改善测量几何,从而提高 GNSS 对 SSV 用户的导航精度。目前,只有 GPS 系统明确定义了 SSV 服务指标,利用 GNSS 对高椭圆轨道(highly elliptical orbit, HEO)可以实现米级至十米量级的导航精度。

随着月球与深空探测活动的开展,美国航空航天局(National Aeronautics and Space Administration, NASA)、欧洲航天局(European Space Agency, ESA)以及俄罗斯、中国和日本等的航天机构都已经逐步建设了地基深空网。地基测定轨系统以其可靠性高、测量精度稳定等特点成为目前国际上月球与深空探测任务主用的导航手段。但是,利用地基测定轨系统获取高精度的轨道需长时间的连续跟踪,尤其是地月/行星之间的转移轨道段,地基连续跟踪时间要求更长。根据我国月球与深空探测规划,后续的月球、火星和金星等探测任务将日益增多,地基测控网的负担和运行维护成本也将显著增加。而天基导航系统可以有效降低地基测定轨系统对布站几何、设备性能和工作弧段的要求,同时可以和地基系统互为备份、融合数据处理,从而进一步提升导航的可靠性和精度。

通常用于支持月球探测器导航的天基系统可以布设在地球附近、月球附近和地月平动点轨道上。在地球附近,一方面可以新建月球探测器专用的导航星座,充分考虑探月任务的特点进而设计星座构型、信号形式等[5-6];另一方面可以通过改进接收机性能、完善导航滤波算法等,利用现有的 GNSS 系统来提供高精度导航服务。在月球附近可以采用多颗环月轨道卫星组成的导航星座对月球探测器进行导航[7]。地月平动点相对地球、月球的位置始终固定,可以在附近布设导航中继卫星,为月球探测器提供中继通信和导航服务[8]。相较而言,除利用现有的 GNSS 系统外,其他方案均需新建系统,增加了任务成本和复杂度。因此,利用 GNSS 技术支持 TSV 和 SSV 范围以外的月球与深空探测器的测量与导航已逐渐成为国际研究的热点。

显然,相比于 SSV 用户,在地月空间范围内应用 GNSS 技术进行导航,面临信号进一步减弱、可见星数更少、测量几何更差等难题。因此需要在 GNSS 技术实际应用于探月任务导航之前,全面、详细地分析导航星座的可见性、接收机对弱信号的接收能力、星载接收机实时滤波算法等,从而为我国月球与深空探测导航体系建设提供技术支持。

1.2　GNSS 在更高轨道上的应用

近年来,国内外在利用 GNSS 技术对不同轨道高度航天器导航方面开展了大量研究工作,应用场景集中在导航和科学探测两个方面:一方面将星载 GNSS 接收机作为航天器自主导航、姿态确定的主要手段;另一方面也将其作为无线电掩星和 GNSS 反射应用等试验的科学仪器。相关成果已经在 LEO、MEO 和 HEO 卫星上得到应用,提高了航天器的导航授时精度,实现了航天器轨道机动后的快速轨道恢复;提升了航天任务的自主性,简化了地面操作,节约了地面测控资源,从而降低了卫星维持的费用[9-10]。目前,绝大部分应用还停留在低于 GNSS 星座高度的轨道上。

为充分了解 GNSS 系统对高于 GNSS 星座的航天器的定轨支持能力,美国喷气推进实验室(Jet Propulsion Laboratory,JPL)进行了仿真分析,比较了地基测量与 GPS 系统跟踪地球同步轨道(geostationary orbit,GEO)卫星的优缺点及定轨能力。地面站与 GEO 卫星的相对空间位置关系变化较小,测量数据包含的轨道变化信息较少,因此利用地基测量数据实现高精度定轨需要几何分布好的多个地面站长时间进行跟踪测量。而卫星高度高于 GPS 星座,星载 GPS 接收机的可见星数少,且存在地球遮挡和信号弱等问题,获取有效 GPS 信号较为困难。因此,利用 GPS 进行高精度定轨还需要突破这些技术难题。分析结果表明,基于地面 6 个跟踪站、连续跟踪 1d,可实现优于 10m 的定轨精度;使用 GPS 仅能得到优于 40m 的定轨精度。但是,基于 GPS 测量无须地面测控网的支持,运行成本得到了大幅降低,而且可以实现近实时定轨,有利于控后轨道快速恢复[11]。由此,JPL 将 GPS 应用于高轨航天器导航纳入了可行性研究范畴,为后续搭载试验奠定了基础。

NASA 自 20 世纪 90 年代中期开始,持续不断地在 GPS 系统 SSV 定义范畴、需求梳理和联合应用等方面开展工作,图 1-1 给出了预期的 GNSS 系统 SSV 支持能力[12]。在 NASA 设计的新月球导航与通信(lunar navigation and communication,LNC)系统架构中明确提出,采用传统地基测定轨体制和基于 GPS 的天基测定轨体制,两者互为备份、相互融合;地基测定轨系统主要用于轨道确定与维持,GPS 测量系统主要用于星上自主导航以减轻深空站的负担,节省运行成本[13-14]。

近年来,ESA 也提出了开展月球 GNSS 项目的计划,利用 GPS+Galileo 系统进行未来月球探测任务导航的关键技术研究[15]。相关研究人员基于接收机模拟平台评估了探月任务不同轨道段 GNSS 导航的参数指标,提出了在未来月球任务中采用 GNSS 技术辅以少量地面站更新支持,融合惯性导航系统(inertial navigation system,INS)、雷达等多种手段实现导航的思路[16]。

相比于成熟的地面或 LEO 星载 GNSS 接收机,适用于更高轨道航天器导航的 GNSS 接收机需要 8 个方面的性能改进:①高稳定的钟:由于可见星数小于 4 颗,无法同时确定三维空间位置和钟差的弧段比近地接收机要长,因此需要配置高精度、高稳定度的钟。②增强的导航滤波和钟模型:当可见星数少于 4 颗时,为了能够使接收机进行轨道外推,需要增强的导航

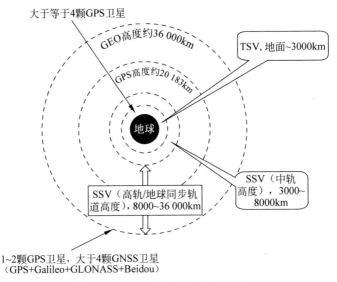

图 1-1　GNSS 系统 SSV 的支持能力

滤波和钟模型[17]。③选星和信号捕获：选星指标包括精度因子（dilution of precision，DOP）最小和仰角最大以及接收信号的载噪比（carrier to noise ratio，C/N_0）最大，信号捕获算法必须能够适应不同轨道段的多普勒频移和 C/N_0 等的变化情况[18]。④多天线/通道：由于在整个轨道段内信号的空间几何分布不断变化，所以需要多个天线指向不同方向以提供最好的覆盖，接收机必须动态地给天线分配通道从而优化资源利用。⑤高增益天线：如果航天器能够保持接收天线对地指向，那么可以采用高增益接收天线以提高信号可见性。⑥弱信号跟踪：需要设计跟踪弱 GNSS 信号的策略，根据航天器轨道的动力学特征优化跟踪环路设计以便跟踪旁瓣信号，从而提高 GNSS 信号的可见性[19-20]。⑦抗干扰能力：接收机跟踪环路必须能够抵抗附近其他 GNSS 卫星信号的干扰。⑧辐射耐受性：接收机必须能够适应更高轨道上极端严苛的辐射环境。

可见，为实现 GNSS 支持更高轨道航天器导航，首先需要对现有的星载接收机进行改进或重新研发新的高轨接收机。为了解决可见导航星数目少的问题，日本学者在 VSOP 项目中设计的 GPS 接收机由 3 个 GPS 天线和 1 套 GPS 接收机设备组成，GPS 天线安装在箱型体上，且每一个都是全向天线，能够接收半球范围内任何方位的 GPS 信号，从而在一定程度上提高了 GPS 卫星的可见性。ESA 资助研发了 TOPSTAR 3000 接收机，设计了具有 4 个天线、24 个通道的 C/A 码（coarse acquisition code，C/A Code）

接收机,适用范围包括低、中、高轨航天器[21-22]。为了实现观测几何条件差与钟差变化剧烈条件下的实时定轨,ESA科研人员专门研发了基于卡尔曼滤波的增强轨道滤波器,可根据观测数据逐历元更新航天器位置、速度状态与接收机钟差等参数[23]。NASA也提出了研发满足低轨至地月空间环境应用需求的高灵敏度导航接收机的计划,由戈达德太空飞行中心(Goddard Space Flight Center,GSFC)负责研发超高灵敏度GPS接收机(Navigator),解决弱信号快速捕获问题[24]。测试表明,该接收机可接收200 000km远的GPS主瓣信号和100 000km远的旁瓣信号,较早期接收机性能得到了大幅改善。未来的科研目标是再将信号电平降低10dB,实现全月球范围的GPS信号接收能力[25]。由GSFC下属的戈达德制导导航与控制中心(Goddard Guided Navigation and Control Center,GNCC)研发的PiVot接收机通过改进跟踪环路设计实现弱信号捕获跟踪,采用扩展的卡尔曼滤波算法实时提供高精度导航信息,对HEO航天器的定轨精度预期优于20m[26]。此外,欧洲宇航防务集团(European Aeronautic Defence and Space Company,EADS)下属的阿斯特利姆(Astrium)公司也改进了其研发的Mosaic星载GNSS接收机,其重量、功耗、体积均可满足高轨航天器平台需求,能够实时提供采样率为1s的导航星历和原始测量数据,对于GEO卫星的定轨精度可以达到150m[27]。

NASA科研人员还研究了数值滤波算法在月球探测器自主导航中的应用问题。分析表明,在可见星数目有限的条件下,接收机钟差将是制约实时定轨计算精度的主要因素[28]。但是受限于卫星载荷与经济成本等因素,星载接收机钟通常稳定性较差,会对伪距测量引入系统性偏差,难以精确建模。针对该问题,科研人员研究了钟差的处理与应用,指出通用模型仅适用于高稳晶振,推荐使用随机游走模型(stochastic random walk),并通过卡尔曼滤波方法进行处理,但在有效的数值逼近方法上仍有待斟酌[29]。考虑到单个导航系统对高轨卫星可见星数较少,国外学者提出了综合GNSS的高轨航天器导航理论,基于仿真分析结果得出,多导航系统融合可以将高轨航天器定轨精度提高数倍乃至1个数量级[30]。

在过去20年里,随着GNSS服务范围逐步扩大,接收机灵敏度和动态性能不断提升,利用GNSS为高于导航星座的用户提供服务的研究和试验也得到更广泛关注,国外开展了多次相关试验,并在部分正式任务中得到应用;未来还将不断应用于新的任务,如表1-1所示。

表 1-1　GNSS 高轨飞行试验情况

卫星名称	发射年份	试验轨道类型	说明
TEAMSAT-YES	1997	GEO 转移轨道	开机试验 2 周，成功获取了 26 000km 高度的 GPS 信号
Equator-S	1997	大偏心率轨道（500km×67 000km）	完成了数月的开机试验，在 34 000km 高度接收 GPS 旁瓣信号，获取 GPS 伪距数据
Falcon Gold	1997	GEO 转移轨道	试验持续数周，获取了 1500～33 000km 的 GPS 数据
AMSAT-OSCAR 40	2000	1000km×58 800km	完成在轨试验，成功获取 GPS 测量数据，并进行了在轨导航解算和事后轨道计算分析
GIOVE-A SGR-GEO	2013	23 200km 圆轨道	获取 GNSS 数据，分析 GPS Block ⅡA/ⅡR 天线方向图特征
Small GEO	2015	GEO	验证 GEO GPS 信号接收和导航定轨
Magnetospheric Multi-Scale（MMS）	2015	7600km×76 000km	首次在正式任务中采用 GNSS 用于更高轨道的导航，定位精度达到 10m
GOES-R	2016	GEO	采用 HEO 接收机开展在轨应用
SBIRS GEO 3	2017	GEO	采用改进的双频接收机开展在轨实时导航
SBIRS GEO 4	2018	GEO	采用改进的接收机开展在轨应用
EAGLE	2018	GEO	采用 HEO 接收机开展在轨应用
GOES-S	2018	GEO	采用 HEO 接收机开展在轨应用
Lunar Gateway	2025	近直线晕轨道（NRHO）	采用改进的接收机开展在轨应用

注：飞行试验参考相关文献[28,33-35]。

2001 年，NASA 利用 AMSAT-OSCAR 40（The Radio AmateurSatellite Corporation，AMSAT；Orbiting Satellite Carrying Amateur Radio，OSCAR；AO-40）卫星上携带的高增益 C/A 码接收机开展试验。卫星近地点高度为 1000km，远地点高度约为 59 000km。在轨期间，GPS 接收机获取了 10 周的全弧段跟踪数据，在远地点附近接收信号的载噪比约为 48dB-Hz。卫星并未在轨进行定位计算，后处理工作在地面完成。试验中，BLOCK Ⅱ/ⅡA 与 BLOCK ⅡR 的信号接收性能差异非常大，这与地面测试结果存在一定偏差，如图 1-2 所示。通过对获取的 GPS 测量数据进行事后定轨处理和外符合精度分析（地基测量获取的轨道精度在千米量级）得出，基于 GPS 测量可以实现优于 10km 的定轨精度。但当时无法消除接收机钟差对测量数据时标的影响，从而降低了定位精度[31]。

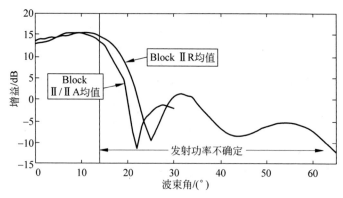

图 1-2　GPS 卫星天线功率方向图

2015 年,NASA 开展了磁层多尺度任务(Magnetospheric Multi-Scale mission,MMS),有 4 颗自旋稳定的航天器在 HEO 上编队飞行,在远地点附近形成一个四面体,用于进行磁层科学测量。航天器的工作轨道分为 7600km×76 000km 和 7600km×150 000km 两个阶段。利用星上搭载的 GSFC 的 Navigator 接收机,采用 GPS 增强型星载导航系统(European Geostationary Navigation Overlay Service,GEONS)的 EKF 软件,实现了每颗卫星的独立自主导航,这是目前在正式任务中采用 GPS 导航的最高高度,验证了 GPS 用于 HEO 的实际性能[32]。Navigator 接收机是目前在轨最远接收 GPS 信号并成功实现导航的接收机,而且其飞行速度超过了 35 000km/h,捕获跟踪灵敏度优于 25dB-Hz(约-179dBW)。通过数据处理分析得出,对于 7600km×76 000km 轨道的 GPS 导航精度达到 10m 量级。

2016 年,美国新一代静止轨道环境观测卫星 GOES-R 发射升空。这颗卫星上搭载了 6 台科学载荷用于高分辨率对地观测,还搭载了洛克希德·马丁公司研制的 Viceroy 接收机。在轨测试结果表明,在 GEO 上平均可跟踪 GPS 导航卫星数达 11 颗,平均 GDOP 值为 7.9,实时定位精度优于 100m,精密定轨误差在径向、法向和切向分别为 7.25m、4.39m 和 2.47m。

2019 年,NASA 在"阿耳忒弥斯"(Artemis)登月计划中提出了宇航员在月球表面使用 GPS 导航的方案设想。

回顾 20 世纪 90 年代至 2013 年前后的这段时期,国外的相关研究工作主要集中在将 GPS 应用于更高轨道的可行性和导航性能分析方面,同时也在积极研发或改进接收机以适应高轨任务并完善导航滤波算法。科研人员利用多次搭载试验的数据,逐步分析 GPS 发射信号的空间特征,评估利用

GPS对HEO、GEO航天器导航的精度。对于将GNSS技术应用于月球探测器导航的研究主要集中在2014年以后，包括进一步提高接收机灵敏度和改进实时滤波算法等方面。此前的研究多针对单GPS系统的情况，2014年后，随着ESA的月球GNSS项目逐渐开展，更多的欧洲研究人员开始分析GPS+Galileo系统对ESA未来月球任务的导航支持能力[36]。这期间的研究成果大多基于数值模拟仿真平台或半物理仿真方法，通过GNSS模拟器(如Spirent 8000)产生仿真信号，采用硬件接收机或软件接收机进行信号捕获跟踪，由改进的滤波算法进行导航解算，从而对整个任务场景实现闭环的模拟仿真并评估导航性能和精度。仿真分析结果表明，利用GPS+Galileo系统对ESA的月球着陆(lunar lander)任务不同轨道段的导航精度基本可以满足任务要求，仅月球捕获段位置精度不满足要求[37]。

国内学者对GNSS在中低轨航天器导航中的应用开展了大量研究，武汉大学、中国科学院上海天文台、国防科技大学、长安大学等院校与研究所均取得了很大进展。但是对GNSS在高轨卫星上的应用研究起步稍晚，大约开始于2000年。

2000—2010年，国内学者逐渐开始关注GNSS技术的高轨应用，相关研究集中于概念研究和原理方面，采用较为简化的仿真分析方法给出导航卫星对高轨卫星的可见性、动态性和导航精度分析结果，提出弱信号捕获跟踪算法以提高接收机能力。具体研究成果如下：①针对月球探测器近地段GPS导航，分析GPS卫星发射天线覆盖条件、可见星数目；研究动力学导航解算方法、不同采样周期和不同动力学模型对导航精度的影响；提出采用安装不同指向接收天线的办法来增加可见卫星数目的方案[38]。②针对单个或多个卫星导航系统组合，分析高轨卫星星载GNSS接收机对导航卫星的可见性、动态性和几何精度因子，提出有效的微弱信号检测算法以提高GNSS接收机的能力[39-40]。③针对GNSS应用于GEO卫星导航存在的问题，探讨在GPS卫星冲天面安装导航天线的方案，设计冲天面天线和GEO接收天线的波束宽度和增益，分析GEO卫星对GPS卫星的可见性、几何精度因子和定位精度[41]。此外，还开展了联合SINS(Strap-down Inertial Navigation System，捷联式惯性导航系统)/GNSS/CNS(Celestial Navigation System，天文导航系统)的高轨航天器自主导航技术研究[42]。但是这个阶段的研究主要基于比较理想的状态进行分析，与实际卫星飞行状态、导航卫星发射信号特征以及接收机能力有一定差别。

2010年以后，GNSS技术在更高轨道上的导航应用得到国内学者、接收机研发工程师和从事高轨航天器设计及应用的科研人员的广泛重视，相关研究文献也更加丰富,研究内容涵盖高动态/高灵敏度接收机捕获跟踪技术、用于高轨平台的接收天线设计、导航信号设计和基于 GNSS 的自主导航技术及滤波算法研究等[43-48]。针对导航卫星和接收机之间相对运动速度、加速度和加加速度很高导致接收到的 GNSS 信号载波频率存在很大的多普勒频移及其一阶、二阶导数,从而影响信号捕获跟踪的问题,引入基于快速傅里叶变换(fast Fourier transformation,FFT)方法补偿匹配滤波算法的捕获系统并设计适应高动态环境的 GNSS 接收机跟踪环路,可以有效提高环路跟踪精度,从而实现高动态捕获跟踪技术。

在理论、算法研究和仿真分析逐渐完善的过程中,2014 年 10 月,我国首次 GNSS 高轨搭载试验在探月工程三期 CE-5T1 探测器(包括服务舱和返回器)上实施,开展了地月自由返回轨道导航试验[49-50]。在轨飞行期间成功获取了地心距离为 10 000~60 000km 的伪距、相位数据以及实时定位结果,精度达到百米量级,定轨预报分离点位置精度可达 109m。这次试验为分析评估利用 GNSS 技术进行地月/月地转移轨道导航提供了宝贵的实测数据。对获取的 GNSS 数据进行了事后处理分析,结果表明,基于 GNSS 数据可以有效地实现地月/月地转移轨道的定轨解算。1h 的 GNSS 跟踪弧段实现的定轨预报精度高于地基测量弧段 3h 的结果,大幅改善了地基测量数据定轨预报精度。

2016 年 11 月,我国实践十七号(SJ-17)卫星上搭载高轨 GNSS 接收机并获取了定点在东经 160°附近的 GEO 上的伪距、相位数据和实时导航结果,利用这些数据对 GEO 卫星的实时定位精度约为 40m。2021 年,在通信技术试验卫星(TJS-5)上搭载的 GNSS 接收机可以在 GEO 上同时接收 BDS 和 GPS 卫星信号,单历元实时导航位置精度约为 16.5m[51]。2023 年 8 月,我国高轨合成孔径雷达卫星陆地探测四号 01 星(LT4A)搭载的专用 GNSS 导航接收系统在 IGSO 轨道上获取到 BDS 和 GPS 的导航测量数据,实时定轨位置精度约为 45m,事后精密定轨精度达到 5m。

国内外利用 GNSS 开展高轨航天器导航的应用研究已经有二十多年的时间,在高动态、高灵敏度接收机研制,导航卫星信号特征建模,改进实时滤波算法等方面取得了大量成果。近年来,基于 GNSS 的月球探测器导航逐渐成为研究的热点,国内外学者针对特定的任务场景和飞行轨道利用 GNSS 系统开展了相关的仿真分析,对我国探月任务利用 GNSS 导航有一定借鉴意义。

1.3 月球探测器导航技术的发展

20世纪60年代,苏联发射了第一个环月卫星,从此人类开始利用探测器对月球进行科学探测,至今已经发射约70个月球探测器和载人登月飞船。20世纪90年代后,探月卫星数目不断增加,轨道测量的精度也得到很大提高。

1998年,"月球勘察者"探测器(Lunar Prospecter)成功发射并进入环月100km高度的近圆极轨道,其轨道由NASA深空网(deep space network,DSN)全球分布的3个26m天线和6个34m天线几乎连续跟踪测量。DSN测站的测距精度为0.5m,多普勒测量精度为0.2mm/s,可实现对探测器十米级的定轨精度[52]。

2007年,日本发射"月亮女神"月球探测器(Selenological and Engineering Explorer,SELENE),包括主卫星、中继卫星(relay satellite,Rstar)和甚长基线干涉测量卫星(very long baseline interferemotry satellite,Vstar)3个环月探测器。使用臼田深空站对其测距测速,关键变轨弧段由NASA的3个深空站提供支持,同时日本国内的VLBI网对Rstar和Vstar进行同波束VLBI测量(same beam interferemotry,SBI)。其中,双向多普勒测量精度为2mm/s,地面站-主卫星-Rstar之间的四程多普勒测量精度为1mm/s,SBI时延的测量精度为1mm。利用这些数据对主卫星的定轨精度可达13~20m[53]。

2009年,美国的月球勘测轨道器(Lunar Reconnaissance Orbiter,LRO)到达距月面50km高度的圆极轨道,开展月球表面地形测绘和重力场测定。DSN的3个深空站、全球空间观测网的4个测站连续对其进行跟踪测量,S频段多普勒的测量精度为1~3mm/s。全球分布的8个激光站也对其进行了测距,精度可达10cm。此外,探测器上搭载的月球轨道激光高度计可以提供精度为10cm的测高数据。联合这些高精度数据定轨,精度可以达到14m。

2011年,美国的重力恢复及内部结构实验室(Gravity Recovery and Interior Laboratory,GRAIL)探测器发射。它包含两颗卫星,分离后进入不同的节能奔月轨道,飞行3~4个月到达月球,再经过2个月时间完成交会,进入50km环月圆极轨道。两颗星前后编队飞行,利用Ka频段月球重力测距系统(lunar gravity ranging system,LGRS)精确测量两颗卫星间距离的微小变化,从而解算月球重力场,这是国际上首次解算月球高阶重力场模型。DSN的3个深空站连续对其进行跟踪测量,S频段多普勒的测量精度为 0.1mm/s(积分时间 60s),测距精度优于 0.5m。考虑到 GRAIL 卫星重力场解算的特殊目标,采用高精度测量数据对环月轨道段的定轨精度可达 5m[54]。

2004 年,我国无人月球探测工程正式启动[55],整个工程包括"绕、落、回"三个阶段。2007 年 10 月 24 日,我国首颗月球探测器"嫦娥一号"(Chang'E-1,CE-1)成功发射,经过 5 天地球停泊轨道段、5 天地月转移轨道段飞行到达月球,在 3 次近月制动后进入使命轨道——环月 200km 圆极轨道。CE-1 在使命轨道上飞行 494 天,开展了大量科学探测活动,最终在地面控制中心的操作下实施了月面硬着陆。我国的 USB(unified S-band)+VLBI 综合测定轨系统对 CE-1 探测器进行跟踪测轨,关键弧段通过国际联网,融入了 ESA 库鲁站的测量数据。其中,USB 测距数据精度为 2m,测速数据精度为 2cm/s,VLBI 时延数据精度为 5ns,时延率数据精度为 3ps/s。对 CE-1 地球停泊轨道段定轨精度约为 100m,地月转移轨道段定轨精度约为 500m,环月段的定轨精度约为 100m[56-57]。

2010 年 10 月 1 日,"嫦娥二号"(Chang'E-2,CE-2)探测器发射升空直接进入地月转移轨道,飞行 5 天后经过 3 次近月制动进入环月 100km 圆极轨道。之后,CE-2 经过降轨变轨进入 100km×15km 轨道,近距离对虹湾地区进行详查,为"嫦娥三号"(Chang'E-3,CE-3)月面着陆做准备。3 天后,CE-2 返回 100km 使命轨道开展科学探测活动。6 个月后,CE-2 完成既定任务,离开月球飞往日地平动点(Lagrangian libration point)L2 开展拓展试验任务。此次拓展任务是我国航天工程中一次极具开创性的实践,也是世界上首个从环月轨道出发的平动点飞行任务。2012 年 6 月 1 日,CE-2 探测器离轨,飞往小行星图塔蒂斯(Toutatis),利用星载相机对小行星进行了光学成像。这是我国小行星探测的开端,我国也因此成为继美、欧、日之后开展小行星探测的国家。CE-2 探测器仍然采用 USB+VLBI 综合测定轨系统,其测量精度与 CE-1 基本一致。此外,测控系统利用 CE-2 搭载的 X 频段测控应答机开展了 X 频段跟踪测量试验,其测距精度优于 1m,测速精度达到 1mm/s[58]。同时,依据空间数据系统咨询委员会(Consultative Committee for Space Data Systems,CCSDS)规范设置了差分单向测距(differential of one-way ranging,DOR)信标信号[59],首次开展了 X 频段 ΔDOR 在轨试验,时延测量精度优于 0.5ns[60]。利用这些测量数据对 CE-2 地月转移轨道段的定轨精度约为 500m,环月 100km×100km 轨道段的定轨精度约为 50m,环月 100km×15km 轨道段的定轨精度约为 60m,L2 点飞行段定轨精度达到 5km,飞越小行星图塔蒂斯轨道段的定轨精度为 10km[61]。

2013 年 12 月 2 日，我国首个月球着陆探测器 CE-3 由运载火箭直接送入地月转移轨道，飞行 5 天后，经 1 次近月制动进入环月 100km 圆极轨道。飞行 4 天后，CE-3 经过降轨变轨进入 100km×15km 轨道；继续飞行 4 天后，在 15km 近月点实施动力下降，软着陆于月球表面的虹湾地区，实现了"落"月探测。之后，巡视器从着陆器上释放出来，行驶到指定点位开始月表探测工作。CE-3 探测器采用深空站 X 频段测距/测速＋ΔDOR 综合测量模式，其测距精度优于 1m，测速精度优于 1mm/s，时延精度优于 1ns，时延率精度优于 1ps/s[62]。此外，CE-3 探测器还开展了 SBI 测量试验，事后处理差分相时延精度达到 1ps。利用这些地基测量数据对 CE-3 地月转移轨道段的定轨精度约为 200m，环月 100km×100km 轨道段的定轨精度约为 20m，环月 100km×15km 轨道段的定轨精度约为 30m，月面单目标绝对和双目标相对定位精度分别达到 50m 和 1m[63]。

2014 年，"嫦娥五号"再入返回飞行试验器（Chang'E-5T1，CE-5T1）从地月自由返回轨道顺利着陆于内蒙古四子王旗的预定地点。CE-5T1 探测器 2014 年 10 月 24 日发射，入轨时近地点高度为 209km、远地点高度 413 000km。CE-5T1 探测器经过 3 次中途轨道修正，飞行 196h 顺利回到地球，于 2014 年 11 月 1 日 6 时 42 分在内蒙古四子王旗预定区域成功着陆。服务舱在距离地面 5000km 处与返回舱分离，之后服务舱开始了 4 个阶段的拓展任务：大椭圆地球停泊轨道、地月转移轨道、地月 L2 点绕飞轨道和环月轨道 4 个阶段。采用 USB＋VLBI 综合测定轨系统对 CE-5T1 探测器进行跟踪测轨，其测量精度与 CE-2 任务基本一致。因此 CE-5T1 探测器地月转移轨道、环月轨道定轨精度与 CE-2 也一致，地球停泊轨道定轨精度与 CE-1 一致，而月地返回轨道段分离点定轨预报精度约为 400m，地月 L2 点绕飞轨道定轨精度约为 500m。

2018 年，我国发射"嫦娥四号"（Chang'E-4，CE-4）探测器，实施世界上首次月球背面着陆巡视探测，通过运行在地月 L2 点 Halo 轨道的中继星将科学探测数据传回地球。2020 年，我国发射"嫦娥五号"（Chang'E-5，CE-5）月球探测器，完成月面着陆区的现场勘察和取样并将月球样品带回地球，从而实现探月第三步"回"。CE-4 和 CE-5 任务开展了多探测器、多信号体制的干涉测量技术验证，综合利用测距测速和干涉测量数据对地月转移轨道、地月 L2 点轨道的定轨精度可提高至百米量级[64-69]。CE-5 探测器还首次实施了月球轨道交会对接，对环月轨道 30min 短弧定轨精度可达 250m[70]。2024 年，我国发射"鹊桥二号"月球中继星和"嫦娥六号"探测器,开展月球背面南极艾特肯盆地着陆、采样并实现样品回收。

除了月球,火星也是全球深空探测的重点目标。我国于 2020 年开展"天问一号"首次火星探测任务,目前已经实现了火星环绕和着陆巡视探测,ΔDOR 干涉测量时延平均误差约为 0.11ns[71],利用轨道器-火星车 SBI 测量数据可以实现火星车百米级定位[72]。

未来,我国还将持续开展月球与深空探测任务。2025 年,我国将发射"天问二号"小行星探测器,开展近地小行星 2016 HO3 的科学探测和表面取样并返回地球,实现样品回收;之后还将飞往主带彗星 311 P,开展伴飞探测。2026 年,我国将发射"嫦娥七号"月球探测器,在月球南极进行精确着陆,并在月球永久阴影区部署微型飞跃探测器,探寻月球南极存在水的证据。2028 年,还将发射"嫦娥八号"月球探测器,开展月球多物理场、区域地质剖面探测与研究,月基对地观测与研究等工作,其将与"嫦娥七号"等共同组成月球科研站基本型。同时,我国还将持续开展火星表面采样返回以及木星和木卫系统的探测等一系列深空探测活动。

在月球与深空探测任务中,轨道测量与确定是整个任务导航的基础,是任务成败的关键。目前,地基测定轨系统是月球与深空探测任务主用的导航手段。在探月工程的推动下,我国逐步建成了用于月球探测器轨道测量的地基综合测量系统,主要由深空站和 VLBI 台站构成,采用测距测速和干涉测量联合的测定轨方案。其中,深空站包括喀什、佳木斯和南美 3 站,具备测距测速和干涉测量能力;VLBI 台站包括上海、北京、昆明和乌鲁木齐 4 站,具备干涉测量能力,目前正在建设日喀则、长白山两站。该系统实现的测距(X 频段)精度可达 1m,测速(X 频段,积分时间为 1s)精度可达 1mm/s,干涉测量时延(X 频段)精度可达 1ns;对"嫦娥"系列探测器的转移轨道段定轨精度达到百米量级,环月轨道探测器定轨精度达到 20m,月面定位精度达到 50m[60];该系统与国外同类地基测量系统对类似探测器进行测定轨的精度相当。

1.4 未来月球与深空测控面临的挑战

我国深空网 3 个深空站和 3 个 18m 站采用双向测量模式,单套设备 1 个弧段仅支持 1 个目标的跟踪测量。而 CE-4 任务包括着陆器/巡视器组合体、L2 点中继卫星和 2 个月球轨道超长波天文观测微卫星(环月编队飞行),在地月转移、近月捕获等关键弧段同时在轨目标可达 4 个;CE-5、CE-6 任务包括轨道器、返回器、着陆器和上升器,在月球轨道交会对接、月地返回等关键弧段同时在轨目标最多可达 3 个。那么深空站和 18m 站只能对不同目标采用分时测量模式,单个探测器的跟踪测量弧段大大减少,特别是对南美深空站弧段的需求更加迫切。VLBI 测轨分系统采用单向测量模式,每个台站可以同时接收 1 个波束范围内的多个探测器的下行信号,对距离上千千米的 2 个台站(形成 1 条基线)的接收信号进行差分,得到探测器相对地面基线的高精度角度测量信息,再与深空站或 18m 站的测距/测速数据联合,从而提高定轨精度。但是我国 CVN(Chinese VLBI network)的 4 个台站均部署在国内区域,对探测器跟踪测量存在空白弧段。

不仅如此,在我国后续的载人登月和深空任务中,探测器的数量还将不断增加,任务周期将会更长(通常会长达数月至数年,甚至数十年),而且对定轨预报精度也将提出更高的要求。表 1-2 给出了我国探月任务的定轨预报精度需求。由此看来,仅依靠地基测量系统对多个探测器同时进行导航,会使测控资源非常紧张,单个测控设备无法同时对多个目标进行双向测量,需要采用分时工作模式,这降低了测量弧段覆盖率,将影响定轨预报精度,甚至无法满足任务需求。此外,在载人登月任务中,还将有多目标实时导航的需求。

表 1-2 我国月球探测任务关键弧段定轨预报精度需求

轨 道 段	精度需求(1σ)	
	位置/m	速度/(m·s^{-1})
地月转移段	1000	0.5
环月段	100	0.1
动力下降段	100	1.0
月面工作段	50	—

若为此新建专门用于深空任务的地面设备,又会极大地增加任务成本和复杂性。而基于 GNSS 技术可以同时为多个探测器提供实时导航服务,且无须探测器发射信号。相对地面系统,GNSS 的跟踪测量模式更加简单,而且 GNSS 星座中不同卫星之间的距离达到上万千米,对探测器的测量几何比地面站更好。可见,利用 GNSS 技术对月球探测器进行测量和导航具有非常大的优势,不仅能够与地基测量系统互为备份、提高任务可靠性,还能够进一步提高探月任务的测定轨精度。因此,研究如何将 GNSS 技术的应用范围扩展到整个地月空间具有十分重要的意义。

结合国内外相关研究现状,根据我国月球探测器实际飞行轨道,全面、系统地分析 GNSS 技术支持地月空间范围内航天器导航的可行性并评估可实现的精度是非常必要的。尤其是考虑到我国的 BDS 导航系统已于

2020年完成全球星座的组网,通过布设 5 颗 GEO 卫星、5 颗倾斜地球同步轨道(inclined geosynchronous orbit,IGSO)卫星和 24 颗中轨道(middle earth orbit,MEO)卫星的导航星座,正式向全球导航用户提供定位、授时服务。分析联合 GPS+BDS 系统能够实现的月球探测器导航能力对我国后续月球与深空导航体系设计具有重要的参考意义。

本书围绕这个主题,针对月球探测任务不同阶段飞行轨道的特征,以 GNSS 技术在地月空间的应用为切入点,通过研究 GNSS 信号的特征、融合 GNSS 与地基测量数据精密定轨和自主导航算法,评估 GNSS 技术支持月球探测器的导航精度,研究月球探测器特有的可见星少、测量几何差且测量弧段存在中断等条件下的实时滤波算法等。本书采用实测数据处理和仿真分析相结合的方法,证明了 GNSS 技术的应用不仅能够提高月球探测任务测量与导航的可靠性,还能同时为多个探测器提供与传统地基测量系统同等量级甚至精度更高的导航服务,可为我国后续月球探测任务的测量与导航体系设计提供一种新的思路和必要的技术参考。本书的主要内容包括:

1. 月球探测器接收 GNSS 信号特征分析方法研究

考虑到月球与深空探测器轨道高于 GNSS 星座,需要利用 GNSS 卫星发射天线的"漏"信号和旁瓣信号进行测量,信号强度较弱且作用距离增加,从而极大地降低了信号的可见性。因此,在几何可见基础上还必须采用标定过的 GNSS 发射天线方向图和接收机接收天线方向图,考虑探测器飞行轨道特征和接收天线安装位置及指向等因素,完善探测器飞行姿态信息,建立细化的链路分析方程,以此全面分析 GNSS 信号的可见性和有效性。同时,通过分析接收信号的动态特征和可见星对接收机的位置精度因子,为接收机设计提供技术参考。

2. 基于 GNSS 的月球探测器精密定轨算法研究与精度评估

月球探测器特殊的轨道特征和动力学特性导致星载接收机可见的 GNSS 卫星数量减少,测量几何条件很差,测量精度进一步降低。因此,需要研究针对月球探测器 GNSS 测量数据的精密定轨算法,并利用已有的实测数据对精密定轨算法进行分析验证。在此基础上,通过对实测数据定轨预报精度的评估和仿真分析不同轨道段的定轨预报精度,全面评估基于 GNSS 的月球探测器精密定轨精度。

3. 基于 GNSS 的自主导航算法研究

利用 GNSS 技术实现月球探测器的导航,其关键在于研究满足精度要求的实时定轨/定位方法。因此,需要综合测量模型和动力学模型以建立稳定的实时滤波算法,在月球遮挡(长达0.5h以上)和无地面站跟踪的空白弧段(长达10h以上)等月球探测器特有的GNSS或地基测量数据中断情况下,具备自主外推并在重新获取测量数据后快速收敛的能力,并能够实时处理GNSS和地基测量数据,提高自主导航的可靠性和精度。

参考文献

[1] 曹冲.全球导航卫星系统体系化发展趋势探讨[J].导航定位学报,2013,1(1):72-77.
[2] KAPLAN E D, HEGARTY C. Understanding GPS/GNSS: Principles and applications[M]. USA: Artech House, 2017.
[3] BOCK H, JÄGGI A, BEUTLER G, et al. GOCE: Precise orbit determination for the entire mission[J]. Journal of Geodesy, 2014, 88(11): 1047-1060.
[4] BAUER F H, PARKER J J K, VALDEZ J E. GPS space service volume: Ensuring consistent utility across GPS design builds for space users[C]//15th PNT Advisory Board Meeting. [S. l.: s. n.], 2015.
[5] NOSEK T P. Navigation satellites for Earth-orbital and lunar operations[J]. Navigation, 1970, 17(3): 226-233.
[6] CARRETERO G. Study of a lunar satellite navigation system[D]. Spain: Polytechnic University of Catalonia, 2012.
[7] 路毅.月球中继通信与导航星座设计与分析[D].成都:电子科技大学,2012.
[8] CARPENTER J R, FOLTA D, MOREAU M, et al. Libration point navigation concepts supporting the vision for space exploration[J]. American Institute of Aeronautics and Astronautics, 2008, 3589: 1-15.
[9] KAHR E. Prospects of multiple global navigation satellite system tracking for formation flying in highly elliptical earth orbits[J]. International Journal of Space Science and Engineering, 2013, 1(4): 432-447.
[10] CAPUANO V, SHEHAJ E, BLUNT P, et al. High accuracy GNSS based navigation in GEO[J]. Acta Astronautica, 2017, 136: 332-341.
[11] WU S C, YUNCK T P, LICHTEN S M, et al. GPS-based precise tracking of Earth satellites from very low to geosynchronous orbits[C]//Telesystems Conference. [S. l.]: IEEE, 1992, 4: 1-8.
[12] BAUER F H, PARKER J J K, WELCH B, et al. Developing a robust, interoperable GNSS space service volume (SSV) for the global space user community[C]// Proceedings of the 2017 International Technical Meeting of the Institute of Navigation. [S. l.: s. n.], 2017: 132-149.

[13] FLANEGAN M,GAL E J,ANDERSON L,et al. NASA lunar communication and navigation architecture [J]. American Institute of Aeronautics and Astronautics,2008,3589: 1-28.

[14] STADTER P A,DUVEN D J,KANTSIPER B L,et al. A weak-signal GPS architecture for lunar navigation and communication systems[J]. IEEE Aerospace Conference Proceedings,2008: 1-11.

[15] MANZANO-JURADO M,ALEGRE-RUBIO J,PELLACANI A,et al. Use of weak GNSS signals in a mission to the Moon [C]//Satellite Navigation Technologies & European Workshop on GNSS Signals & Signal Processing. [S. l. : s. n.],2015: 1-8.

[16] CAPUANO V,BOTTERON C,TIAN J,et al. GNSS to reach the Moon[C]// 65th International Astronautical Congress. [S. l. : s. n.],2014.

[17] MUSUMECI L,DOVIS F,SILVA J S,et al. Design of a high sensitivity GNSS receiver for lunar missions[J]. Advances in Space Research,2016,57: 2285-2313.

[18] CAPUANO V,BOTTERON C,FARINE P A. GNSS performances for MEO, GEO and HEO [C]// 64th International Astronautical Congress. [S. l. : s. n.],2013.

[19] CAPUANO V,BASILE F,BOTTERON C,et al. GNSS-based orbital filter for Earth Moon transfer orbits[J]. The Journal of Navigation,2015,69(4): 745-764.

[20] SILVA P F,LOPES H D,PERES T R,et al. Weak GNSS signal navigation to the Moon[C]// Proceedings of the 26th International Technical Meeting of the Satellite Division of the Institute of Navigation. [S. l. : s. n.],2013: 3357-3367.

[21] GERNER J L,ISSLER J L,LAURICHESSE D,et al. TOPSTAR 3000—An enhanced GPS receiver for space applications[J]. ESA Bulletin,2000,104: 86-91.

[22] MEHLEN C,LAURICHESSE D. Real-time GEO orbit determination using TOPSTAR 3000 GPS receiver[J]. Navigation,2001,48(3): 169-179.

[23] ZIN A,SCOTTI M,MANGOLINI E,et al. Preparing an autonomous,low-cost GNSS positioning and timing function on board a GEO telecom mission: A study case[J]. CEAS Space Journal,2015,7: 247-262.

[24] BAMFORD W A,HECKLER G W,HOLT G N,et al. A GPS receiver for lunar missions [C]//Proceedings of the 2008 National Technical Meeting of the Institute of Navigation. [S. l. : s. n.],2008: 268-276.

[25] WRITTERNING N,OBERTAXER G,SCHONHUBER M,et al. Weak GNSS signal navigation for lunar exploration missions[C]//Proceedings of the 28th International Technical Meeting of the ION Satellite. [S. l. : s. n.],2015.

[26] LONG A,KELBEL D,LEE T,et al. Autonomous navigation improvements for high-Earth orbiters using GPS[R]. [S. l. : s. n.],2000.

[27] ZENTGRAF P,BERGE S,CHASSET C,et al. Preparing the GPS-experiment for the small GEO mission [J]. Advances in the Astronautical Sciences,2010,

137(18): 2010.

[28] WINTERNITZ L M B, BAMFORD W A, HECKLER G W. A GPS receiver for high-altitude satellite navigation[J]. IEEE Journal of Selected Topics in Signal Processing, 2009, 3(4): 541-556.

[29] VASILYEV M. Real time autonomous orbit determination of GEO satellite using GPS[C]//ION GPS'99. [S. l. : s. n.], 1999: 451-457.

[30] LORGA J M, SILVA P F, DI CINTIO A, et al. GNSS sensor for autonomous orbit determination[C]//Proceedings of the 23rd International Technical Meeting of the Satellite Division of the Institute of Navigation. [S. l. : s. n.], 2010: 2717-2731.

[31] MOREAU M C, BAUER F H, CARPENTER J R, et al. Preliminary results of the GPS flight experiment on the high Earth orbit AMSAT-OSCAR 40 spacecraft [C]//25th Annual AAS Guidance and Control Conference. [S. l. : s. n.], 2002.

[32] LULICH T D, BAMFORD W A, WINTERNITZ L, et al. Results from Navigator GPS flight testing for the magnetospheric MultiScale mission[C]//Proceedings of the 25th International Technical Meeting of the Satellite Division of the Institute of Navigation. [S. l. : s. n.], 2012: 731-742.

[33] BALBACH O, EISSFELLER B, HEIN G W, et al. Tracking GPS above GPS satellite altitude: First results of the GPS experiment on the HEO mission Equator-S[C]//IEEE 1998 Position Location and Navigation Symposium. [S. l.]: IEEE, 1996: 243-249.

[34] KRONMAN J D. Experience using GPS for orbit determination of a geosynchronous satellite[C]//Proceedings of the 13th International Technical Meeting of the Satellite Division of the Institute of Navigation. [S. l. : s. n.], 2000: 1622-1626.

[35] POWELL T D, MARTZEN P D, SEDLACEK S B, et al. GPS signals in a geosynchronous transfer orbit: "Falcon Gold" data processing[C]//Proceedings of the 1999 National Technical Meeting of the Institute of Navigation. [S. l. : s. n.], 1999: 575-585.

[36] PALMERINI G B. Assisted GNSS navigation in lunar missions[C]//AIAA SPACE 2014 Conference and Exposition. [S. l. : s. n.], 2014: 4256.

[37] SILVA J S, LOPES D H, SILVA P F, et al. GNSS-based navigation for lunar descent and landing: Performance results[C]//ESA Workshop on Satellite Navigation Technologies. [S. l. : s. n.], 2014.

[38] 王威, 文援兰, 曾国强, 等. GPS用于月球探测器轨道近地段导航[J]. 国防科技大学学报, 2001, 23(2): 1-5.

[39] 刘海颖, 王惠南. 基于GPS的中、高轨道航天器定轨研究[J]. 空间科学学报, 2005, 25(4): 293-297.

[40] 秦红磊, 梁敏敏. 基于GNSS的高轨卫星定位技术研究[J]. 空间科学学报, 2008, 28(4): 316-325.

[41] 何清举,孙前贵.利用 GNSS 实现高轨卫星自主导航的新方案[J].飞行器测控学报,2010,29(1):7-11.

[42] 赵琳,李亮,黄卫权.自适应卡尔曼滤波在载波相位平滑伪距中的应用[J].哈尔滨工程大学学报,2010,31(12):1636-1641.

[43] ZHAO W. The application research of global navigation constellation for HEO (high Earth orbit) satellites and deep-space satellites[J]. Scientia Sinica Physica, Mechanica & Astronomica,2011,41(5):581-588.

[44] 谢燕军.高轨航天器中 GPS 弱信号处理及自主定轨技术[D].哈尔滨:哈尔滨工程大学,2011.

[45] 王威,董绪荣,柳丽,等.基于全球导航卫星系统的高轨卫星定轨理论研究及仿真实现[J].测绘学报,2011,40(5):6-10.

[46] 李传军,李兴城.一种 INS 辅助 GNSS 高动态弱信号标量跟踪方法[J].宇航学报,2013,34(10):1378-1386.

[47] 黄云青.高动态 GNSS 信号快速捕获算法研究[D].哈尔滨:哈尔滨工业大学,2015.

[48] 田嘉,王伟,史平彦.两种捕获高灵敏度高动态 GPS 信号的方法[J].导航定位学报,2016,4(2):36-41.

[49] LIU H,CAO J,CHENG X,et al. The data processing and analysis for the CE-5T1 GNSS experiment[J]. Advances in Space Research,2017,59(3):895-906.

[50] WEN C,WANG M,QI L,et al. The application of the GNSS receiver in the third stage of China lunar exploration program[C]//Proceedings of the 27th Conference of Spacecraft TT&C Technology in China: Wider Space for TT&C.[S. l.]: Springer,2015:3-17.

[51] WANG M,SHAN T,ZHANG W,et al. Analysis of BDS/GPS signals' characteristics and navigation accuracy for a geostationary satellite[J]. Remote Sensing,2021,13(10):1967.

[52] CARRANZA E,KONOPLIV A,RYNE M,et al. Lunar prospector orbit determination uncertainties using the high resolution lunar gravity models[C]//Advances in the Astronautical Sciences,AAS/AIAA Astrodynamics Specialist Conference.[S. l.: s. n.],1999.

[53] GOOSSENS S,MATSUMOTO K,ROWLANDS D D,et al. Orbit determination of the SELENE satellites using multi-satellite data types and evaluation of SELENE gravity field models[J]. Journal of Geodesy,2011,85:487-504.

[54] YOU T H,ANTREASIAN P,BROSCHART S,et al. Gravity recovery and interior laboratory mission (GRAIL) orbit determination[J]. International Symposium on Space Flight Dynamics,2012,49(2):390-400.

[55] 叶培建,黄江川,孙泽洲,等.中国月球探测器发展历程和经验初探[J].中国科学:技术科学,2014,44(6):543-558.

[56] YAN J G,PING J S,LI F. Precise orbit determination of Smart-1 and Chang'E-1

[J]. RSC Advances,2008,4(5):2495-2500.

[57] 陈明,唐歌实,曹建峰,等.嫦娥一号绕月探测卫星精密定轨实现[J].武汉大学学报(信息科学版),2011,36(2):212-217.

[58] 陈明,张宇,曹建峰,等.嫦娥二号卫星轨道确定与测轨技术[J].科学通报,2012,57(9):689-696.

[59] 郝万宏,李海涛,黄磊,等.建设中的深空测控网甚长基线干涉测量系统[J].飞行器测控学报,2012,31(S1):34-37.

[60] 吴伟仁,王广利,节德刚,等.基于ΔDOR信号的高精度VLBI技术[J].中国科学:信息科学,2013,43(2):185-196.

[61] CAO J,LIU Y,HU S,et al. Navigation of Chang'E-2 asteroid exploration mission and the minimum distance estimation during its fly-by of Toutatis[J]. Advances in Space Research,2015,55(1):491-500.

[62] HUANG Y, CHANG S, LI P, et al. Orbit determination of Chang'E-3 and positioning of the lander and the rover[J]. Chinese Science Bulletin, 2014, 59: 3858-3867.

[63] 李培佳,黄勇,昌胜骐,等.基于地基观测的嫦娥三号着陆器与巡视器高精度定位[J].科学通报,2014,59(32):3162-3173.

[64] 路伟涛,谢剑锋,陈略,等.一种辅助轨道确定的相对干涉测量方法研究[J].航天控制,2019,37(4):35-40.

[65] 刘思语,黄勇,李培佳,等.稀疏观测模式的"嫦娥四号"中继星轨道确定[J].深空探测学报(中英文),2022,9(1):14-20.

[66] 肖威,杨鹏,张志斌,等.两种时延修正方法在嫦娥四号探测器ΔDOR测量中的应用[J].天文学进展,2022,40(1):142-154.

[67] 任天鹏,路伟涛,孔静,等."嫦娥五号"深空干涉测量性能分析[J].深空探测学报(中英文),2021,8(6):572-581.

[68] 孔静,张宇,任天鹏,等.深空网干涉测量数据对嫦娥五号定轨能力分析[J].宇航学报,2022,43(2):183-188.

[69] 郭丽,黄逸丹,李金岭,等.基于同波束VLBI测量对嫦娥五号卫星交汇对接的相对实时定位[J].测绘学报,2023,52(3):375-382.

[70] 李培佳,黄勇,樊敏,等.嫦娥五号探测器交会对接段定轨精度研究[J].中国科学:物理学 力学 天文学,2021,51(11):66-77.

[71] 刘庆会,黄勇,舒逢春,等.天问一号VLBI测定轨技术[J].中国科学:物理学 力学 天文学,2022,52(3):71-81.

[72] 杨鹏,黄勇,李培佳,等.同波束VLBI测量下的天问一号火星车定位及精度分析[J].武汉大学学报:信息科学版,2023,43(1):84-91.

第2章
时间与坐标系统

时间与坐标系统是航天器测量与导航的基础。航天器的空间运动是一个动力学问题,处理动力学问题首先应选择合适的时空参考系,从而使描述的运动问题更清晰、动力学模型的表示更简明[1-3]。本章具体给出了月球与深空探测中涉及的各种时间与坐标系统以及相互间主要的转换关系。

2.1 时间系统

描述航天器运动和测量涉及的时间尺度分为两种:基于原子物理的原子时系统和基于地球自转的世界时系统[4]。

国际单位制(international system of units,SI)"秒"的定义是一种对特定的原子(铯-133)辐射周期的计数,可以在任何地方实现(如地球表面、人造卫星上、火星上以及太阳系质心等),对于所有观测者实现 SI 秒的方法都是一样的,SI 秒是观测者可测量的原时。基于这种原时时间尺度定义的时间系统包括:国际原子时(temps atomique international,TAI)和理论研究所需的坐标时。

TAI 是以国际单位组织定义的 SI 秒长为基准的连续、均匀的时间系统。而坐标时是理论研究时采用的不能直接测量、只能从可测量的原时转换得到的时间系统,如相对论四维时空中太阳系质心天球参考系的坐标时(barycentric coordinate time,TCB)和地心天球参考系的坐标时(geocentric coordinate time,TCG)。相对于 TAI 采用的 SI 秒长,TCB 的速率快 1.55×10^{-8},TCG 的速率快 6.97×10^{-10}。描述天体或航天器在重力场中的运动时通常使用动力学时,如地球时(terrestrial time,TT)和质心动力学时(barycentric dynamical time,TDB),二者实际上也是坐标时,分别为 TCG 和 TCB 的线性函数,其定义并没有物理意义仅是为了使用方便。历书时(T_{eph})与 TDB 类似,也是 TCB 的线性函数,但是对于不同的太阳系行星历表,T_{eph} 与 TCB 的关系不同。在建立太阳系行星历表的过程中,这种关系隐含在 T_{eph} 和 TT 的转换关系中。目前,航天器导航与定轨中常用的美国喷气推进实验室(Jet Propulsion Laboratory,JPL)的太阳系行星 DE/LE 系列历表中的时间尺度 T_{eph} 与 TDB 的含义相同。因此在使用 DE/LE 系列历表时,以 TDB 作为时间引数。此外,岁差与章动的计算公式中时间引数也是 TDB。

以地球自转为基础的时间尺度在确定地面站位置、地面跟踪天线指向并建立地面站与航天器之间的测量模型过程中有重要的应用。由于地球自转的不均匀性与潮汐的影响,以地球自转为基础的时间尺度并不是均匀的时间尺度。基于地球自转的时间尺度包括恒星时和世界时。

恒星时是春分点的时角,与世界时密切相关的格林尼治恒星时就是格林尼治当地的春分点时角,主要在空间坐标系的转换中用到。格林尼治恒星时有真恒星时(Greenwich apparent sideral time,GAST)和平恒星时(Greenwich mean sideral time,GMST)之分,二者的区别在于参考点是真春分点(受岁差和章动的影响)还是平春分点(只受岁差影响)。真恒星时和平恒星时之差为赤经章动(equation of equinoxes,EE),它是一个周期性函数,最大振幅约为1s。

世界时(universal time,UT)与恒星时定义类似,为太阳的时角。但是测定太阳时角的精度远低于测定恒星时角的精度,因此UT是通过对恒星观测而测定的恒星时,再根据两种时间的定义转换而给出的。根据天文观测直接测定的UT对应瞬时极的子午圈,记为UT0;考虑引起测站子午圈位置变化的极移修正,就得到对应平均极的子午圈的世界时,记为UT1。在IAU 2000决议以前,UT1通常由GMST得到,即给出UT1的0h对应GMST的关系式。在IAU 2000决议中,UT1不再是GMST的导出量,而是直接给出其定义,它是地球自转角(Earth rotation angle,ERA)的线性函数。这两种方式给出的UT1实际是等价的,通过GMST的定义仍然有广泛的使用,但是通过ERA的定义更适用于高精度测量和坐标转换。

原子时系统是稳定、均匀的,但原子时秒长比世界时秒长略短,世界时时刻将日益落后于原子时,为了避免发播的原子时与世界时偏离过大,定义了协调世界时(coordinated universal time,UTC)作为TAI与UT1之间的一种协调。UTC是一种均匀的时间系统,它依据原子时,又参考世界时,通过适时的跳秒使得UTC和UT1之差小于0.9s。

从UTC出发可以实现基于原子时的不同时间系统之间的转换,如图2-1所示。下面给出具体的转换步骤和公式。

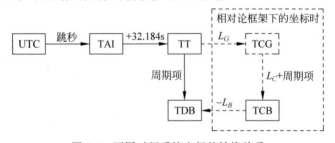

图2-1 不同时间系统之间的转换关系

步骤 1. UTC 加上跳秒（ΔAT），得到 TAI（截至 2017 年 1 月 1 日，ΔAT＝37s）。

步骤 2. 由 TAI 计算 TT：
$$TT = TAI + 32.184 \quad (2\text{-}1)$$

步骤 3. 由 TT 计算 TCG：
$$TCG - TT = L_G \times (MJD_{TT} - 43\,144.0) \times 86\,400 \quad (2\text{-}2)$$

其中，MJD 是简约儒略日。$L_G = 6.969\,290\,134 \times 10^{-10}$ 是一个定义常数。

步骤 4. 由 TCG 转换为 TCB，该过程涉及相对论的四维时空转换：
$$TCB - TCG = \frac{L_C \times (MJD_{TT} - 43\,144.0) + P(JD_{TT}) - P(JD_{T_0})}{1 - L_B} + c^{-2} \boldsymbol{v}_e \cdot (\boldsymbol{x} - \boldsymbol{x}_e) \quad (2\text{-}3)$$

其中，$L_C = 1.480\,826\,867\,41 \times 10^{-8}$，$L_B = 1.550\,519\,768 \times 10^{-8}$，均为定义常数。非线性项 $P(JD_{TT})$ 最大振幅约为 1.6ms，$\boldsymbol{x}_e$ 和 $\boldsymbol{v}_e$ 是地心相对于太阳系质心的位置和速度，$\boldsymbol{x}$ 是太阳系质心天球参考系中的位置。$JD_{T_0} = 2\,443\,144.500\,372\,5$，$T_0$ 时刻的 TT、TCG 和 TCB 均为 1977 年 1 月 1 日 00：00：32.184。c 为光速。

步骤 5. 计算 TDB：
$$TDB = TCB - L_B \times (MJD_{TCB} - 43\,144.0) \times 86\,400 + TDB_0 \quad (2\text{-}4)$$

其中，$TDB_0 = -6.55 \times 10^{-5}$s 是定义常数。

在近地轨道段和地月/月地转移轨道段，描述探测器运动的时间变量为 TT。在环月轨道段和月面工作段，描述探测器运动的时间变量为 TDB。在月球探测器精密定轨中计算观测量时，光行时的解算采用的时间引数为 TDB。为此，需要将 TT 转换至 TDB。上述式(2-2)~式(2-4)是在相对论框架下，通过定义量 TCG 和 TCB 给出的 TDB 和 TT 之间的关系式，对上述公式进行数值积分便可得到 TDB－TT 的值，这是当前精度最高的计算方法。目前，国际三大历表编制机构发布的通用行星/月球历表中均提供 TDB－TT 的数值积分结果，差别在纳秒量级。此外，在常用的定轨软件中，采用一些解析方法计算 TDB－TT。经典的解析方法有 Moyer 给出的解析公式、Fairhead 和 Bretagnon 给出的 127 项分析公式以及 Fukushina 给出的 1637 项分析公式等。为了满足在计算测量量过程中迭代计算光行时的精度，必须采用足够多项数的分析公式进行计算[5]。为此，本书建议采用 SOFA 程序库中的子程序计算 TDB－TT 的值[6]，该子程序考虑了量级在 0.1ns 以上的 787 项影响因素，主要为 1.6566ms 的正弦项、20μs 的行星影响项、$2\mu s$ 的月球及周日影响项以及基于行星历表的修正项。

从 UTC 出发也可以实现基于地球自转的不同时间系统之间的转换，下面给出具体的转换步骤和公式。

步骤 1. 计算 UT1：

$$UT1 = UTC + dUT1 \tag{2-5}$$

其中，dUT1 是国际地球自转服务组织（International Earth Rotation Service，IERS）发布的公报（C04）中给出的 UT1−UTC 的近似值，采样间隔为 1d，不包括周日和亚周日带谐项潮汐效应。使用时先插值到计算时刻，然后进行潮汐效应改正，从而得到计算时刻的 UT1−UTC 值。

步骤 2. 计算 ERA：

$$ERA(T_u) = 2\pi(0.779\,057\,273\,264\,0 + 1.002\,737\,811\,911\,354\,48 T_u) \tag{2-6}$$

其中，$T_u = (JD_{UT1} - 2\,451\,545.0)$。

步骤 3. 计算 GAST 和 GMST：

$$GAST = ERA(UT1) - EO \tag{2-7}$$

其中，EO 为零点差，与岁差-章动在中间赤道上的分量有关，其表达式为：

$$EO = -0.014\,506'' - 4612.156\,534''t - 1.391\,581\,7''t^2 + 0.000\,000\,44''t^3 - \Delta\psi\cos\varepsilon_A + \sum_k C'_k \sin\alpha_k \tag{2-8}$$

其中，t 是从 J2000.0 起算的儒略世纪数，参数 α_k 和振幅 C'_k 可以从 IERS 规范 2010 中得到[7]。$\Delta\psi\cos\varepsilon_A$ 是经典的赤经章动，$\sum_k C'_k \sin\alpha_k$ 为赤经章动的补充项，主要包含了岁差和章动的交叉项。式(2-8)中的多项式部分即为 GMST 的表达式。

上述不同时间系统之间的转换关系和转换程序可以直接参考 IAU 基本天文学标准程序库 SOFA。

2.2 坐标系统

月球探测器导航中各飞行阶段涉及的坐标系统主要分为 3 类：地心坐标系、月心坐标系和太阳系质心坐标系。其中，地心坐标系主要包括地心天球参考系（geocentric celestial reference system，GCRS）和国际地球参考系（international terrestrial reference system，ITRS）。月心坐标系主要包括历元月心天球坐标系、历元月心平赤道坐标系和月固坐标系。太阳系质心坐标系主要是指太阳系质心天球参考系（barycentric celestial reference system, BCRS)，其是在广义相对论框架下采用国际天球参考系（international celestrial reference system, ICRS）的定义而来的。各坐标系的具体定义如表 2-1 所示。

表 2-1 探月任务相关坐标系的定义

坐标系名称	原 点	基本平面/坐标轴	备 注
地心天球参考系（GCRS）	地球质心	基本平面接近 J2000.0 平赤道面，X 轴的指向接近 J2000.0 动力学春分点	GCRS 是以地心为原点的 ICRS，常用于定义和表示探测器在近地段和转移段的轨道
国际地球参考系（ITRS）	地球质心	基本平面接近 1900.0 平赤道，X 轴接近基本平面与格林尼治子午面交线方向	ITRS 是表示地面站址、卫星星下点轨迹、地球重力场等常用的坐标系，其具体实现包括常用的 WGS 84、CGCS 2000 以及 ITRF 2008 坐标系等。其中，JGM-3 地球重力场模型对应 WGS 84 坐标系，我国测控站站址在 CGCS 2000 坐标系中给出（对于多数实用目的，WGS 84 和 CGCS 2000 坐标系可以认为是一致的，它们的相融性在厘米量级）
历元月心天球坐标系	月球质心	基本平面为 J2000.0 地球平赤道，X 轴指向 J2000.0 地球平春分点	该坐标系常用于表示环月探测器轨道等
历元月心平赤道坐标系	月球质心	基本平面为 J2000.0 月球平赤道，X 轴指向 J2000.0 月球平春分点	该坐标系常用于表示环月探测器具有明确物理意义的轨道根数等
主轴系（principal axis coordinates, PA）：月固坐标系一	月球质心	基本平面为与月球自转轴方向垂直的月球赤道面，X 轴指向地球方向的惯性主轴方向	该坐标系是月固系的一种，主要用于表示月球重力场模型
平地球/极轴系（mean Earth/mean rotation axis coordinates, MA）：月固坐标系二	月球质心	基本平面为与月球平均自转轴方向垂直的月球赤道面，X 轴指向平均地球方向	该坐标系是月固系的一种，主要用于表示月球表面地形模型，给出月面点位和月球星下点等
太阳系质心天球参考系（BCRS）	太阳系质心	基本平面接近 J2000.0 平赤道，X 轴接近指向 J2000.0 动力学春分点	该坐标系用于测量模型的建立和测量量的计算

在精密定轨过程中涉及不同坐标系之间的转换,转换关系如图 2-2 所示,下面给出具体转换过程[8-11]。

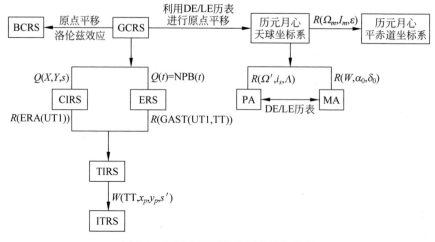

图 2-2　不同坐标系统之间的转换关系

注:天球中间参考系(celestial intermediate reference system, CIRS),地球自转系(Earth rotation system, ERS)

1. GCRS 与 BCRS 之间的转换关系

根据定义,GCRS 和 BCRS 之间的主要差异在于坐标原点不同,因此二者之间的转换公式是考虑洛伦兹效应的坐标平移:

$$\boldsymbol{r}_{BC} = \left(1 - L_C - \frac{\gamma U_E}{c^2}\right)\boldsymbol{r}_{GC} - \frac{1}{2c^2}(\dot{\boldsymbol{r}}_E \cdot \boldsymbol{r}_{GC})\dot{\boldsymbol{r}}_E + \boldsymbol{r}_E \tag{2-9}$$

其中,$\boldsymbol{r}_{BC}$ 和 $\boldsymbol{r}_{GC}$ 分别表示同一个位置矢量在 BCRS 和 GCRS 中的不同坐标,$\boldsymbol{r}_E$ 和 $\dot{\boldsymbol{r}}_E$ 分别表示地球在 BCRS 中的位置和速度矢量,γ 为后牛顿参数,c 表示光速,U_E 表示除地球外的太阳系其他天体在地球附近产生的引力势。式(2-9)的逆变换即为 BCRS 到 GCRS 的转换公式。由此可以推导出相应的速度矢量转换关系。

2. GCRS 与 ITRS 之间的转换关系

GCRS 和 ITRS 的转换是两个三维直角坐标系的转换,在时刻 t:

$$\boldsymbol{r}_{GCRS} = \boldsymbol{Q}(t) \cdot \boldsymbol{R}(t) \cdot \boldsymbol{W}(t)\boldsymbol{r}_{ITRS} \tag{2-10}$$

其中,$\boldsymbol{r}_{GCRS}$ 和 $\boldsymbol{r}_{ITRS}$ 是同一个位置矢量在 GCRS 和 ITRS 中的不同表示,$\boldsymbol{Q}(t)$ 为岁差-章动矩阵,$\boldsymbol{R}(t)$ 为地球自转矩阵,$\boldsymbol{W}(t)$ 为极移矩阵。这 3 个矩阵均为坐标转换矩阵,根据其物理含义,由不同坐标平面绕不同坐标轴旋转相应角度而成。时间参数 $t=(\mathrm{JD_{TT}}-2\,451\,545.0)/36\,525$,即从 J2000.0 起算的儒略世纪数。式(2-10)的逆变换即为 ITRS 到 GCRS 的转换公式。由此可以推导出相应的速度矢量转换关系。

根据 IERS 和 IAU 推荐,实现 ITRS 和 GCRS 的转换有两种等价过程,分别称为"基于春分点"和"基于天球中间原点"(celestial intermediate origin,CIO)的转换方法。两种转换方法中的转换矩阵 $Q(t)$ 和 $R(t)$ 不同,而 $W(t)$ 相同。只要使用的地球自转模型相同,两种转换方法得到的转换矩阵是相同的,均可实现 GCRS 和 ITRS 之间的转换。但是由于 CIO 是无旋转原点,可以清楚地将地球指向(岁差-章动)和地球自转分开,避免了使用春分点时既要计算岁差-章动又要计算格林尼治恒星时带来的麻烦,如图 2-3 所示。因此,采用基于 CIO 的转换方法,公式更简洁且精度更高。IERS 协议给出了两种转换方法的转换矩阵的具体计算过程,IAU SOFA 程序包提供了相应的坐标转换子程序,故本书不再赘述具体计算公式。

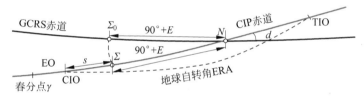

图 2-3 基于 CIO 的转换方法的几何关系图

图 2-3 中 Σ 是天球中间极(celestial intermediate pole,CIP)赤道上的点,Σ_0 是 GCRS 的零点,N 是 CIP 赤道和 GCRS 赤道的交点,TIO 为地球中间零点,EO 为历书零点,E 和 d 为 CIP 在 GCRS 中的角坐标,s 为 CIO 定位角。

3. GCRS 与历元月心天球坐标系之间的转换

根据定义,历元月心天球坐标系相对于 GCRS,仅需将原点由地球质心平移至月球质心,一般不考虑相对论效应,二者的转换通过 JPL 发布的 DE/LE 历表获得月球质心在 GCRS 中的位置和速度矢量,进而平移即可。JPL 发布的 DE/LE 历表以列表形式给出太阳、八大行星和冥王星的质心在太阳系质心天球参考系中的直角坐标以及月心在地心天球参考系中的坐标。

4. 历元月心天球坐标系与历元月心平赤道坐标系之间的转换

历元月心天球坐标系与历元月心平赤道坐标系之间的转换涉及月球平黄赤交角 I_m、月球绕地轨道升交点平黄经 Ω_m 和地球平黄赤交角 ε,具体转换公式为:

$$r_E = R_z(-\Omega_m) \cdot R_x(-I_m) \cdot R_z(\Omega_m) \cdot R_x(\varepsilon) r_C \quad (2\text{-}11)$$

其中，r_E 和 r_C 是同一个位置矢量在历元月心平赤道坐标系和历元月心天球坐标系中的不同表示，矩阵 R 为绕坐标轴旋转的矩阵，角标 $x/y/z$ 分别代表绕 X 轴/Y 轴/Z 轴旋转。

$$I_m = 1.542\,461°, \quad \varepsilon = 23.439\,291°,$$

$$\Omega_m = 125.044\,555\,556° - 1934.136\,185\,0°t + 0.002\,076\,7°t^2$$

其中，时间参数 $t = (\mathrm{JD_{TT}} - 2\,451\,545.0)/36\,525$，即从 J2000.0 起算的儒略世纪数。

5. 历元月心天球坐标系与月固坐标系之间的转换

IAU 2009 决议给出了平地球/极轴系与历元月心天球坐标系之间的近似转换关系，精度水平约为 150m。转换过程涉及月球瞬时真北极相对于 J2000.0 地球平赤道和春分点的赤经 α_0 与赤纬 δ_0 以及月球真赤道在 J2000.0 地球平赤道上的升交点到零子午面的角度 W，转换公式为：

$$r_{\mathrm{MA}} = R_z(W) \cdot R_x(90° - \delta_0) \cdot R_z(90° + \alpha_0) \cdot r_C \quad (2\text{-}12)$$

其中，r_{MA} 和 r_C 是同一个位置矢量在平地球/极轴坐标系和历元月心天球坐标系中的不同表示，α_0、δ_0 和 W 的值见 IAU 2009 决议。

同时，IAU 2009 决议还建议主轴坐标系与历元月心天球坐标系之间的近似转换关系可以利用 DE/LE 历表提供的月球天平动数据实现：

$$r_{\mathrm{PA}} = R_z(\Lambda) \cdot R_x(i_s) \cdot R_z(\Omega') \cdot r_C \quad (2\text{-}13)$$

其中，r_{PA} 和 r_C 是同一个位置矢量在主轴坐标系和历元月心天球坐标系中的不同表示，(Ω', i_s, Λ) 为历表直接给出的 3 个欧拉角。

6. 两种月固坐标系之间的转换

由于月球并非严格同步的三轴旋转椭球，主轴坐标系和平地球/极轴坐标系并不完全重合，二者对于月面点相差 1km。两坐标系之间的转换关系随 DE/LE 历表的版本不同而不同，例如对于 DE 421 历表，两坐标系转换关系为[12]：

$$r_{\mathrm{PA}} = R_z(67.92'') \cdot R_y(78.56'') \cdot R_x(0.30'') r_{\mathrm{MA}} \quad (2\text{-}14)$$

对于 DE 430 历表，两坐标系转换关系为[13]：

$$r_{\mathrm{PA}} = R_z(67.573'') \cdot R_y(78.580'') \cdot R_x(0.285'') r_{\mathrm{MA}} \quad (2\text{-}15)$$

在月球探测任务的时空参考框架中，月球历表的作用不可替代。通过对典型环月轨道探测器进行轨道预报，发现采用 DE 421 和 DE 430 历表的计算结果较为接近[14]。对于月球探测器精密定轨，推荐使用 DE 421 历表。

此外在月球探测任务中，还涉及地面坐标系和月面坐标系等。其中，地面坐标系包括大地坐标系和站心坐标系，月面坐标系包括月球地理坐标系和月面当地坐标系,下面分别给出定义。

2.2.1 大地坐标系

探测器星下点轨迹和站址坐标等通常用大地坐标表示,因此使用大地坐标系。该坐标系以大地参考椭球面为基准面,目标点(探测器或测站)的位置用大地经度、大地纬度和大地高表示。

1) 大地经度(L):通过目标点的大地子午面与本初子午面的夹角称为"大地经度",由本初子午面向东 $0°\sim180°$ 称为"东经",向西 $0°\sim-180°$ 称为"西经"。采用通过国际协议原点(conventional international origin, CIO)和格林尼治天文台旧址的子午面为本初子午面。

2) 大地纬度(B):通过目标点的参考椭球面的法线和赤道面的夹角称为"大地纬度",由赤道面向北计量为正,向南计量为负。在赤道上纬度为 $0°$,至极点纬度为 $90°$。

3) 大地高(h):目标点沿法线到参考椭球面的距离称为"大地高"。从参考椭球面起量,向外为正,向内为负。

从大地坐标(L,B,h)到地心直角坐标(X,Y,Z)的转换关系为:

$$\begin{cases} X = (N+h)\cos B\cos L \\ Y = (N+h)\cos B\sin L \\ Z = [N(1-e)^2 + h]\sin B \\ N = \dfrac{a}{\sqrt{1-e^2\sin^2 B}} \end{cases} \quad (2\text{-}16)$$

其中,a 是参考椭球体的赤道半径,e 是参考椭球体的第一偏心率。本书建议采用 $a=6\ 378\ 137.0\text{m}, e=0.081\ 819\ 191\ 042\ 816$。

从地心直角坐标(X,Y,Z)到大地坐标(L,B,h)的转换关系为:

$$\begin{cases} B = \arctan\left[\dfrac{Z + be'^2\sin^3 u}{p - ae^2\cos^3 u}\right] \\ L = \arctan\dfrac{Y}{X} \\ h = p\cos B + Z\sin B - a(1-e^2\sin^2 B)^{1/2} \\ p = (X^2+Y^2)^{1/2} \end{cases} \quad (2\text{-}17)$$

其中,b 为参考椭球的半短轴,e' 为参考椭球的第二偏心率;u 为归化纬度,是待求参数 B 的函数,原则上 B 应进行迭代计算,但是对于实际使用,取近似值 $u \approx \arctan\left(\dfrac{aZ}{bp}\right)$。本书建议采用 $b=6\ 356\ 752.3141\text{m}, e'=0.082\ 094\ 438\ 151\ 917$。

2.2.2 站心坐标系

地面测站的站心坐标系原点为测量设备的跟踪等效点,基本面为站心的大地水准面,X 轴指向正北,Y 轴指向正东,Z 轴按右手法则定义。

从地固坐标系 r_b 至测站坐标系 r_S 的转换关系为:

$$\begin{cases} r_S = [M][r_b - R_b] \\ \dot{r}_S = [M]\dot{r}_b \\ [M] = R_y\left(-B - \dfrac{\pi}{2}\right)R_z(L) \end{cases} \quad (2\text{-}18)$$

其中,R_b 是测站在地固坐标系中的位置矢量,(L, B) 为测站的大地经度和大地纬度。

2.2.3 月球地理坐标系

为了描述月球表面物体的位置,需要建立月面空间参考系。与建立地球空间参考系一样,同样要定义月球基准面、月球经纬度等概念。首先,月球虽不是正球体但扁率很小,约为 1/3476。其南北极区不对称,北极区隆起,南极区洼陷;月球的重心和其几何中心并不重合,重心偏向地球 2km。一般将月球作为旋转椭球体。月球基准面是用来测量月球表面的参照面,它定义了经线和纬线的原点和方向。基准面由椭球体与月球的相对位置定义,包括月心基准面和本地基准面两种类型。其中,月心基准面过目前已知的月球质心;本地基准面更靠近某一特定区域,以便更精确地反映月球表面的这一区域。通常,月球基准面采用正球体表面来描述。

月球自转轴(月轴)与月面相交于两点,分别为月球北极和南极。垂直于月轴且通过月心的平面为月球赤道平面,月球赤道平面与月球表面相交的大圆为月球赤道。平行于赤道的各个圆为纬圈(纬线)。通过月轴垂直于赤道面的平面为经面或子午圈,如图 2-4 所示。

1) 月理纬度(φ):过月面点 P 的参考椭球面法线与赤道面的交角,称为 P 点的"月理纬度"(简称"纬度")。纬度从赤道起算,赤道上纬度为 $0°$,纬线离赤道越远纬度越大,至极点纬度为 $90°$。赤道以北称为北纬($0°\sim 90°$)、以南称为南纬($0°\sim -90°$)。

2) 月理经度(λ):过 P 点的天文子午面与参考椭球面上本初子午面的夹角,称为 P 点的"月理经度"(简称"经度")。目前国际上通用的月理坐标系为 IAU 定义的平地球/极轴系,定义平地球方向为月球本初子午线,作为计算经度的起点,该线的经度为 $0°$,向东 $0°\sim 180°$ 称为东经,向西 $0°\sim$

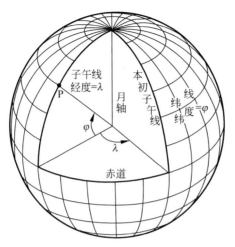

图 2-4 月球的经线和纬线

−180°称为西经。

3）月理高程（h）：月面点沿过该点的参考椭球面法线到参考椭球面的距离，称为"月理高程"。从参考椭球面起量，向天顶方向为正，向月球质心方向为负。

月面上任一点的位置，通常用月理经度、月理纬度和月理高程来决定。从月固坐标系直角坐标（X,Y,Z）到月球地理坐标系月理坐标（λ,φ,h）的转换关系为：

$$\begin{cases} \varphi = \arctan(Z/p) \\ \lambda = \arctan(Y/X) \\ h = p\cos\varphi + Z\sin\varphi - a_m \\ p = (X^2 + Y^2)^{1/2} \end{cases} \quad (2-19)$$

根据 IAU 2009 和 IAU 2015 规范的建议，在计算月理高程时采用月球平均半径 $a_m = 1737.4$ km，月球参考椭球面为球面（扁率为 $f=0$）。

2.2.4 月面当地坐标系

定义月面当地坐标系为：原点为月面点（包括探测器在月球表面的星下点、着陆点等）。考虑不同应用场景下的方便使用，月面当地坐标系的坐标轴定义包含下列 2 种：

1）Y 轴在当地水平面内，指向正东；Z 轴在当地水平面内，指向正北；X 轴垂直于 Y、Z 轴，构成右手坐标系。记为月面当地天东北坐标系。该坐标系主要用于描述探测器的着陆姿态。

2) Z 轴与月面点处的法线重合指向月球质心的相反方向；X 轴在该切平面内指向正东，Y 轴在切平面内指向正北；X、Y 和 Z 轴构成右手坐标系。记为月面当地东北天坐标系。该坐标系主要用于表达物体在月面局部区域内的相对位置关系。

着陆点在月球地理坐标系（对应的月固坐标系为平地球/极轴坐标系）中给出，即给出月理经度、月理纬度和月理高程。

2.2.5 月固坐标系和月面当地坐标系的转换

从月固坐标系 r_{MB} 至月面当地天东北坐标系 r_{SZEN} 的转换关系为：

$$\begin{cases} \boldsymbol{r}_{SZEN} = [M][\boldsymbol{r}_{MB} - \boldsymbol{R}_{MB}] \\ \dot{\boldsymbol{r}}_{SZEN} = [M]\dot{\boldsymbol{r}}_{MB} \\ [M] = \boldsymbol{R}_y(-B)\boldsymbol{R}_z(L) \end{cases} \quad (2\text{-}20)$$

从月固坐标系 r_{MB} 至月面当地北东地坐标系 r_{SNEN} 的转换关系为：

$$\begin{cases} \boldsymbol{r}_{SNEN} = [N][\boldsymbol{r}_{MB} - \boldsymbol{R}_{MB}] \\ \dot{\boldsymbol{r}}_{SZEN} = [N]\dot{\boldsymbol{r}}_{MB} \\ [N] = \boldsymbol{R}_y\left(-B - \frac{\pi}{2}\right)\boldsymbol{R}_z(L) \end{cases} \quad (2\text{-}21)$$

从月固坐标系 r_{MB} 至月面当地天西南坐标系 r_{SZWS} 的转换关系为：

$$\begin{cases} \boldsymbol{r}_{SZWS} = [P][\boldsymbol{r}_{MB} - \boldsymbol{R}_{MB}] \\ \dot{\boldsymbol{r}}_{SZWS} = [P]\dot{\boldsymbol{r}}_{MB} \\ [P] = \boldsymbol{R}_x(\pi)\boldsymbol{R}_y(-B)\boldsymbol{R}_z(L) \end{cases} \quad (2\text{-}22)$$

其中，$\boldsymbol{R}_{MB}$ 是月面点在月固坐标系中的位置矢量，(L, B) 为月面点的月理经度和月理纬度。

2.3 常数系统

2.3.1 基础常数

表 2-2 为推荐使用的部分常数的数值，依次给出名称、符号、数值、误差/说明，主要取自 IERS 协议（2010），采用 SI 单位制。在使用过程中，对于本书未明确的常数，建议采用 IAU 2015 天文常数系统。

表 2-2 常数系统

名 称	符 号	数 值	误差/说明
光速	c	299 792 458m/s	定义
高斯引力常数	k	$1.720\ 209\ 895\times 10^{-2}$	定义
日心引力常数	$GM_\odot$	$1.327\ 124\ 420\ 99\times 10^{20}\ m^3\cdot s^{-2}$	$1\times 10^{10}\ m^3\cdot s^{-2}$
太阳动力学形状因子	$J_{2\odot}$	2.0×10^{-7}	适用于 DE 421
月-地质量比	μ	0.012 300 037 1	4×10^{-10}
J2000.0 黄赤交角	ε_0	84 381.406″	0.001″
天文单位	au	$1.495\ 978\ 707\ 00\times 10^{11}\ m$	3m

在月球探测任务中,建议地球引力场模型采用 70×70 阶次的 EGM2008 模型;月球引力场模型需要根据不同环月轨道的高度进行选用:

1) 环月极轨道或高度在 200km 及以上情况,建议采用 150×150 阶次的 SGM150 模型;

2) 环月低倾角轨道或高度在 200km 以下情况,建议采用 420×420 阶次的 GRAIL 模型。

引力场相关参数如下:

1) 地球引力常数 $GM_e=398\ 600.4418\ km^3/s^2$,半径 $R_e=6378.1363km$;

2) SGM150 模型月球引力常数 $GM_m=4902.801\ 056\ km^3/s^2$,半径 $R_m=1738.0km$;

3) GRAIL 模型月球引力常数 $GM_m=4902.800\ 306\ km^3/s^2$,半径 $R_m=1738.0km$。

建议月面数字高程模型(digital elevation model,DEM)采用"嫦娥一号"(CE-1)激光高度计数据制作的全月球 DEM 模型,计算环月轨道高度、月面地理高程时月球半径按照 1737.4km 扣减。

2.3.2 测站坐标及改正

目前使用的测站站址坐标在 ITRF 系列参考架中给出。根据 ITRF 相关报告,可以实现不同坐标系之间的转换,转换公式为七参数布尔莎模型,具体如下[15-16]。

根据 ITRF 2014 和 ITRF 2020 相关报告,可以给出 ITRF 2020 坐标系与 ITRF 2008 坐标系之间的转换关系,即:

$$\begin{bmatrix} X \\ Y \\ Z \end{bmatrix}_{ITRF\ 2014} = \begin{bmatrix} X \\ Y \\ Z \end{bmatrix}_{ITRF\ 2020} + \begin{bmatrix} \Delta X \\ \Delta Y \\ \Delta Z \end{bmatrix} + \begin{bmatrix} m & \varepsilon_Z & -\varepsilon_Y \\ -\varepsilon_Z & m & \varepsilon_X \\ \varepsilon_Y & -\varepsilon_X & m \end{bmatrix} \begin{bmatrix} X \\ Y \\ Z \end{bmatrix}_{ITRF\ 2020}$$

(2-23)

$$\begin{bmatrix} \dot{X} \\ \dot{Y} \\ \dot{Z} \end{bmatrix}_{\text{ITRF 2014}} = \begin{bmatrix} \dot{X} \\ \dot{Y} \\ \dot{Z} \end{bmatrix}_{\text{ITRF 2020}} + \begin{bmatrix} \Delta\dot{X} \\ \Delta\dot{Y} \\ \Delta\dot{Z} \end{bmatrix} + \begin{bmatrix} \dot{m} & \dot{\varepsilon}_Z & -\dot{\varepsilon}_Y \\ -\dot{\varepsilon}_Z & \dot{m} & \dot{\varepsilon}_X \\ \dot{\varepsilon}_Y & -\dot{\varepsilon}_X & \dot{m} \end{bmatrix} \begin{bmatrix} X \\ Y \\ Z \end{bmatrix}_{\text{ITRF 2020}}$$

(2-24)

其中,历元 2000.0 对应的参数为:$\Delta X = -1.4\text{mm}, \Delta Y = -0.9\text{mm}, \Delta Z = 1.4\text{mm}; m = -0.42 \times 10^{-9}, \varepsilon_X = 0.00\text{mas}, \varepsilon_Y = 0.00\text{mas}, \varepsilon_Z = 0.00\text{mas}; \Delta\dot{X} = 0.0\text{mm/a}, \Delta\dot{Y} = -0.1\text{mm/a}, \Delta\dot{Z} = 0.2\text{mm/a}; \dot{m} = 0.00 \times 10^{-9}/\text{a}, \dot{\varepsilon}_X = 0.00\text{mas/a}, \dot{\varepsilon}_Y = 0.00\text{mas/a}, \dot{\varepsilon}_Z = 0.00\text{mas/a}$。

$$\begin{bmatrix} X \\ Y \\ Z \end{bmatrix}_{\text{ITRF 2008}} = \begin{bmatrix} X \\ Y \\ Z \end{bmatrix}_{\text{ITRF 2014}} + \begin{bmatrix} \Delta X \\ \Delta Y \\ \Delta Z \end{bmatrix} + \begin{bmatrix} m & \varepsilon_Z & -\varepsilon_Y \\ -\varepsilon_Z & m & \varepsilon_X \\ \varepsilon_Y & -\varepsilon_X & m \end{bmatrix} \begin{bmatrix} X \\ Y \\ Z \end{bmatrix}_{\text{ITRF 2014}}$$

(2-25)

$$\begin{bmatrix} \dot{X} \\ \dot{Y} \\ \dot{Z} \end{bmatrix}_{\text{ITRF 2008}} = \begin{bmatrix} \dot{X} \\ \dot{Y} \\ \dot{Z} \end{bmatrix}_{\text{ITRF 2014}} + \begin{bmatrix} \Delta\dot{X} \\ \Delta\dot{Y} \\ \Delta\dot{Z} \end{bmatrix} + \begin{bmatrix} \dot{m} & \dot{\varepsilon}_Z & -\dot{\varepsilon}_Y \\ -\dot{\varepsilon}_Z & \dot{m} & \dot{\varepsilon}_X \\ \dot{\varepsilon}_Y & -\dot{\varepsilon}_X & \dot{m} \end{bmatrix} \begin{bmatrix} X \\ Y \\ Z \end{bmatrix}_{\text{ITRF 2014}}$$

(2-26)

其中,历元 2000.0 对应的参数为:$\Delta X = 1.6\text{mm}, \Delta Y = 1.9\text{mm}, \Delta Z = 2.4\text{mm}; m = -0.02 \times 10^{-9}, \varepsilon_X = 0.00\text{mas}, \varepsilon_Y = 0.00\text{mas}, \varepsilon_Z = 0.00\text{mas}; \Delta\dot{X} = 0.0\text{mm/a}, \Delta\dot{Y} = 0.0\text{mm/a}, \Delta\dot{Z} = -0.1\text{mm/a}; \dot{m} = 0.03 \times 10^{-9}/\text{a}, \dot{\varepsilon}_X = 0.00\text{mas/a}, \dot{\varepsilon}_Y = 0.00\text{mas/a}, \dot{\varepsilon}_Z = 0.00\text{mas/a}$。

对测站站址误差的改正主要包括板块运动和潮汐运动,具体改正公式和算法如下。

1. 板块运动

板块运动描述为刚性球冠绕自转轴的旋转。欧拉矢量为 $\boldsymbol{\omega}$ 的板块,若参考历元 t_0 时某测站的位置矢量为 $\boldsymbol{r}_0$,则历元 t 时其位置矢量 $\boldsymbol{r}$ 表示为:

$$\boldsymbol{r} = \boldsymbol{r}_0 + (\boldsymbol{\omega} \times \boldsymbol{r})(t - t_0) \tag{2-27}$$

若已知该测站在 t_0 时的速度矢为 $\dot{\boldsymbol{r}}_0$,则

$$\boldsymbol{r} = \boldsymbol{r}_0 + \dot{\boldsymbol{r}}_0(t - t_0) \tag{2-28}$$

板块运动模型主要基于几百万年的古地磁资料,对现代板块运动仍然

提供了很好的定量描述。这表明板块运动在相当长的时间内是非常平稳的。表 2-3 给出了 NNR-NUVEL1A 模型中板块运动的欧拉矢量，对应于点位的变化最大可达 10cm/a。

表 2-3　NNR-NUVEL1A 模型中板块的欧拉矢量

单位：10^{-9} rad/a

板块	ω_x	ω_y	ω_z
非洲(Africa)	0.891	−3.099	3.922
南极洲(Antarctica)	−0.821	−1.701	3.706
阿拉伯半岛(Arabia)	6.685	−0.521	6.760
澳大利亚(Australia)	7.839	5.124	6.282
加勒比海地区(Caribbean)	−0.178	−3.385	1.581
科科斯(Cocos)	−10.425	−21.605	10.925
欧亚大陆(Eurasia)	−0.981	−2.395	3.153
印度(India)	6.670	0.040	6.790
胡安·德富卡(Juan de Fuca)	5.200	8.610	−5.820
纳斯卡(Nazca)	−1.532	−8.577	9.609
北美洲(North America)	0.258	−3.599	−0.153
太平洋(Pacific Ocean)	−1.510	4.840	−9.970
菲律宾(Philippines)	10.090	−7.160	−9.670
里维拉(Rivera)	−9.390	−30.960	12.050
斯科舍(Scotia)	−0.410	−2.660	−1.270
南美洲(South America)	−1.038	−1.515	−0.870

2. 潮汐运动

地球是非刚性的，在受到其他天体的吸引时地壳将发生形变。日、月是两个主要天体，其周期运动将引起地壳随时间的周期性变化。这种周期从数小时到数年的运动称为地球的"潮汐效应"。潮汐引起的测站位置变化远远大于板块运动效应，不容忽略。潮汐对台站位置 r_0 的影响表示为：

$$\Delta = \Delta_{sol} + \Delta_{pol} + \Delta_{ocn} + \cdots \tag{2-29}$$

分别为地球固体潮、极潮、海洋负荷潮等。这些潮汐影响易在站心坐标系中计算。

- 地球固体潮

计算测站地球固体潮改正效应，一般采用起潮势的球谐展开方法。球谐项引起的测站位移由勒夫数和志田数表述,取决于测站纬度和潮汐频率。地球扁率、地球自转的科氏力、自由核章动共振、海洋负荷潮耦合、地幔非弹性形变等效应的计算非常复杂,要求在 1mm 精度下全部考虑到。一般在时域和频域中分别计算顺行项和逆行项,并做纬度修正。IERS 协议(2010)提供了相关算法。

- 极潮

地球自转轴相对于地壳的运动和地壳弹性响应造成测站位置的变化,这种现象称为"极潮"。厘米级精度水平时要求考虑此效应。极潮引起的在大地经纬度(λ,φ)处地面点的位移表示为:

$$\Delta_{\text{pol}} = -\frac{\omega_E^2 R_E}{g} \left[\sin\varphi\cos\varphi(p_x\cos\lambda + p_y\sin\lambda)h\hat{r} + \cos 2\varphi(p_x\cos\lambda + p_y\sin\lambda)l\hat{\varphi} + \sin\varphi(-p_x\sin\lambda + p_y\cos\lambda)l\hat{\lambda}\right]$$

(2-30)

其中,ω_E 为地球自转速率,R_E 为地球赤道半径,g 为重力加速度,h 和 l 为勒夫数和志田数,p_x、p_y 为极移参数,$\hat{r}$、$\hat{\varphi}$、$\hat{\lambda}$ 为单位矢量。

- 海洋负荷潮

地壳对海洋潮汐引起的弹性响应可引起测站几厘米的位移,称此效应为"海洋负荷潮"。当前采用的海洋负荷潮模型一般由一组描述各频率相位和幅值的参数构成。11 项分潮波分别为 K_2、S_2、M_2、N_2(12h)、K_1、P_1、O_1、Q_1(24h)、M_f(14d)、M_m(月项)和 S_{sa}(半年项)。IERS 协议(2010)提供了相关算法。

参考文献

[1] CCSDS 500.0-G-4:Report concerning space data system standards, navigation data—Definitions and conventions[R]. Washington D. C.:CCSDS,2019.

[2] CCSDS 500.2-G-3:Report concerning space data system standards, navigation data messages overview[R]. Washington D. C.:CCSDS,2023.

[3] CCSDS 502.0-B-3:Recommendation for space data system standards, orbit data messages[R]. Washington D. C.:CCSDS,2023.

[4] 黄珹,刘林. 参考坐标系及航天应用[M]. 北京:电子工业出版社,2015.

[5] MOYER T D. Formulation for observed and computed values of Deep Space Network data types for navigation[M]. New Jersey:John Wiley & Sons,2003.

[6] International Astronomical Union Standards of Fundamental Astronomy[EB/OL]. [2024-06-03]. http://www.iausofa.org.

[7]　PETIT G, LUZUM B. IERS Conventions[J]. IERS Technical Note No. 36, 2010.

[8]　ABALAKIN V K, BURSA M, DAVIES M E, et al. Report of the IAU/IAG working group on cartographic coordinates and rotational elements of the planets and satellites: 2000[J]. Celestial Mechanics and Dynamical Astronomy, 2002, 82: 83-111.

[9]　SEIDELMANN P K, ARCHINAL B A, A'HEARN M F, et al. Report of the IAU/IAG working group on cartographic coordinates and rotational elements: 2006[J]. Celestial Mechanics and Dynamical Astronomy, 2007, 98: 155-180.

[10]　ARCHINAL B A, A'HEARN M F, BOWELL E, et al. Report of the IAU working group on cartographic coordinates and rotational elements: 2009[J]. Celestial Mechanics and Dynamical Astronomy, 2011, 109: 101-135.

[11]　ARCHINAL B A, ACTON C H, A'HEARN M F, et al. Report of the IAU working group on cartographic coordinates and rotational elements: 2015[J]. Celestial Mechanics and Dynamical Astronomy, 2018, 130: 1-46.

[12]　FOLKNER W M, WILLIAMS J G, BOGGS D H, et al. The planetary and lunar ephemerides DE430 and DE431[J]. Interplanetary Network Progress Report, 2014, 196(1): 42-196.

[13]　WILLIAMS J G, BOGGS D H, FOLKNER W M. DE421 lunar orbit, physical librations, and surface coordinates, IOM 335-JW, DB, WF-20080314-001[R]. Pasadena: Jet Propulsion Laboratory, 2008: 1-14.

[14]　叶茂. 月球探测器精密定轨软件研制与四程中继跟踪测量模式研究[J]. 测绘学报, 2016, 45(9): 1132.

[15]　ALTAMIMI Z, REBISCHUNG P, METIVIER L, et al. Analysis and results of ITRF2014[R]. [S. l. : s. n.], 2017.

[16]　ITRF2020[EB/OL]. [2024-06-03]. http://itrf.ign.fr/en/solutions/ITRF2020.

第3章

动力学模型和测量模型

3.1 动力学模型

在月球探测任务的各个飞行阶段,探测器受到各种力的作用,根据这些力的物理含义进行数学建模,可以明确探测器的运动规律[1],从而建立运动方程为:

$$\ddot{\boldsymbol{r}} = \boldsymbol{F}_0 + \boldsymbol{F}_\varepsilon \tag{3-1}$$

其中,r 为探测器位置矢量,$\boldsymbol{F}_0 = -\dfrac{\mu}{r^2}\left(\dfrac{\boldsymbol{r}}{r}\right)$ 为中心天体(地球/月球)质心引力,μ 为中心天体引力常数,$\boldsymbol{F}_\varepsilon$ 为摄动力之和。

探测器受到的中心天体质心引力为保守力,受到的摄动力有保守力和耗散力。保守力包括日、月及大行星的质点引力、中心天体非球形引力等,耗散力包括大气阻力等。在不同轨道段,可以根据轨道特征和精度需求进行摄动量级分析,对摄动力进行取舍。

对于地月/月地转移轨道段,探测器运动以地球为中心天体,可以在地心天球参考系中建立运动方程,时间引数为地球时,受力主要包括:地球质心引力,地球非球形引力摄动,日、月及大行星 N 体引力摄动,太阳辐射压摄动等。对于环月轨道段,探测器运动以月球为中心天体,可以在历元月心天球坐标系中建立运动方程,时间引数为太阳系质心动力学时,受力主要包括:月球质心引力,月球非球形引力摄动,地、月及大行星 N 体引力摄动,太阳辐射压摄动等[2-3]。此外,由于探测器在飞行过程中会发生调姿、喷气等事件,因此还需要考虑这些摄动对探测器轨道的影响。通常这些摄动力的精确物理模型未知,可以采取经验力模型对其进行模化以提高定轨精度。

3.1.1 主要摄动力模型

本节将详细给出月球探测器所受各种摄动力的模型。

1. 地球/月球非球形引力摄动

该摄动是由地球/月球的质量分布不均造成的,在固连坐标系(对于地球为国际地球参考系,对于月球为主轴坐标系)中,非球形引力势采用球谐展开表达式[4]:

$$\Delta V = -\frac{\mu}{r}\sum_{l=2}^{N}\sum_{m=0}^{l}\left(\frac{a_e}{r}\right)^l \bar{P}_{lm}(\sin\varphi)[\bar{C}_{lm}\cos(m\lambda) + \bar{S}_{lm}\sin(m\lambda)]$$

$$\tag{3-2}$$

其中，μ 为中心天体引力常数，a_e 是中心天体参考椭球体的赤道半径，r、λ、φ 分别是固连坐标系中空间点的地心距离、经度和纬度，$\bar{P}_{lm}$ 是 l 次 m 阶缔合勒让德多项式，$\bar{C}_{lm}$、$\bar{S}_{lm}$ 是归一化的 l 次 m 阶谐系数。

由此，可以得到中心天体非球形引力摄动为：

$$\boldsymbol{F}_{\mathrm{NS}} = \mathrm{grad}(\Delta V) \tag{3-3}$$

通常由重力场模型提供 μ、a_e 和 $\bar{C}_{lm}$、$\bar{S}_{lm}$。严格而言，不同的重力场模型对应不同的参考椭球体和固连坐标系。因此在轨道计算中，选取地球重力场模型时，应考虑地面测站的站址坐标对应的地球参考椭球体以及地固坐标系的定义等的自洽性。例如，采用 WGS 84 地球重力场模型，则地面站址和地固坐标系均采用 WGS 84 坐标系。同样，月球重力场模型的选取应与 DE/LE 历表的版本保持一致。例如，采用 LP 165P 月球重力场模型，则历元月心天球坐标系到月固坐标系（主轴）的转换应采用 DE 403 历表；采用 GRAIL 月球重力场模型，则应采用 DE 421 历表[5]。

2. N 体摄动

该摄动模型需要考虑太阳、地球、月球、木星等太阳系大天体对探测器产生的引力[6]：

$$\boldsymbol{F}_N = \sum_{j=1}^{N} (-\mu_j) \left(\frac{\boldsymbol{R}_j}{R_j^3} + \frac{\boldsymbol{\Delta}_j}{\Delta_j^3} \right) \tag{3-4}$$

其中，μ_j 为第 j 个天体的引力常数，$\boldsymbol{R}_j$ 为第 j 个天体在地心/月心惯性系中的位置矢量，$\boldsymbol{\Delta}_j$ 为探测器相对第 j 个天体的位置矢量。大天体的位置利用 JPL 发布的 DE/LE 历表进行计算。该历表是按时间段划分的，通过切比雪夫多项式对行星位置进行拟合，提供的是一系列时间序列的切比雪夫多项式系数。

3. 太阳辐射压摄动

该摄动由太阳辐射对探测器产生的压力造成，是影响月球探测器轨道确定的最主要表面力。计算中需要考虑探测器是否处于地球和月球的阴影之中、探测器受照表面面积及反射系数等。地影和月影可以根据柱形、锥形阴影等的几何定义来计算，同时考虑探测器处于本影、半影和伪本影等情况给出阴影因子。探测器受照表面积与其几何外形和姿态有关，需要进行具体建模，最简单的是球形表面情况的计算。

将探测器表面进行细化，可以给出探测器上第 i 个面元受到的太阳辐射压力 $\boldsymbol{F}_i$，将各个面元的受力进行合成，可以得到探测器受到的太阳辐射

压摄动为:

$$F_{SR} = \sum F_i = \sum -\rho_{SR}\Omega_i \cos\theta_i (A_i r_{sun} + B_i n_i) \quad (3\text{-}5)$$

其中, Ω_i 为第 i 个面元的表面积, $\rho_{SR} = 4.56 \times 10^{-6} \text{N/m}^2$ 为太阳常数, θ 为太阳矢量 r_{sun} 与面元法向 n 在机械坐标系下的夹角。

$$\begin{cases} A_i = \varepsilon_i + \eta_i(1-\varepsilon_i) \\ B_i = (1-\varepsilon_i)\left[2(1-\eta_i)\cos\theta_i + \dfrac{2}{3}\eta_i\right] \end{cases} \quad (3\text{-}6)$$

其中, ε_i 为第 i 个面元的表面吸收系数, η_i 为第 i 个面元的表面反射率,二者均与探测器表面材质的特性有关。

为了进一步提高定轨精度,需要开展表面力精细建模方面的研究。通过细化探测器的构型结构、充分考虑探测器的姿态影响、实时计算受照面积等策略,建立高精度太阳辐射压摄动模型。

4. 经验力

探测器在巡航飞行过程中通常会进行喷气、调姿或动量轮卸载,尽管这些事件持续时间非常短,产生的摄动力量级也很小,但是仍然会影响探测器质心的运动,使其产生径向(R 方向)、横向(T 方向)和法向(N 方向)的加速度,因此在定轨时需要对该摄动进行建模。根据星载推进系统的控制策略,可以对推力进行理论建模,再考虑基于星载推进系统自身测定的加速度值可以对该模型参数进行优化。而对于未搭载加速度计的探测器,可以基于经验力模型进行建模。

本书采用经验力模型来计算该摄动。假设探测器保持三轴稳定姿态,该摄动表示为:

$$F_A = G \cdot F_{RTN} = G \cdot (c_0 + c_1 t + c \cdot \cos u + s \cdot \sin u) \quad (3\text{-}7)$$

其中, G 为轨道坐标系至地心天球参考系或历元月心天球坐标系的转换矩阵; F_{RTN} 为该摄动在轨道坐标系中的矢量,其分量分别在径向、横向和法向上; c_0 和 c_1 分别为该摄动在轨道坐标系中的常数矢量和时间变化率矢量,其分量同 F_{RTN}; c 和 s 分别为周期项的系数矢量,其分量同 F_{RTN}; t 为当前时刻相对定轨弧段的时间; $u = \omega$(近心点幅角) $+ f$(真近点角)为轨道的纬度幅角。通常将 c_0、c_1、c 和 s 分别作为经验量输入或作为待估参数与轨道参数一起求解。

下面给出矩阵 G 的具体表达式。假设探测器运动矢量在地心天球参考系或历元月心天球坐标系中表示为 $X = (r, \dot{r})^T$, r 为位置矢量, $\dot{r}$ 为速度矢量。那么轨道坐标系的 RTN 坐标分量可以表示为:

$$\begin{cases} \hat{e}_R = \dfrac{\bm{r}}{r} \\ \hat{e}_N = \dfrac{\bm{r} \times \dot{\bm{r}}}{|\bm{r} \times \dot{\bm{r}}|} \\ \hat{e}_T = \hat{e}_N \times \hat{e}_R \end{cases} \quad (3\text{-}8)$$

由此可得,$\bm{G} = \mathrm{inv}(\hat{e}_R \quad \hat{e}_T \quad \hat{e}_N)$。

5. 后牛顿效应力

对于地月/月地转移轨道段,仅考虑地球产生的后牛顿效应力为:

$$\ddot{\bm{r}} = \frac{\mu \cdot \bm{r}}{r^3}\left[\frac{2(\beta+\gamma)}{c^2}\frac{\mu}{r} - \frac{\gamma}{c^2}(\dot{\bm{r}} \cdot \dot{\bm{r}})\right] + \frac{\mu \cdot \dot{\bm{r}}}{r^3}\frac{2(1+\gamma)}{c^2}(\bm{r} \cdot \dot{\bm{r}}) \quad (3\text{-}9)$$

其中,β 和 γ 为后牛顿参数,对广义相对论而言,其取值均为 1;c 为真空中的光速。$\bm{r}$ 表示探测器在地心天球参考系中的位置矢量,μ 表示地球引力常数。

对于环月轨道段,太阳及大行星对探测器产生的后牛顿效应力为:

$$\ddot{\bm{r}} = \sum_j \frac{\mu_j(\bm{r}_j - \bm{r})}{r_{sj}^3} +$$

$$\sum_j \frac{\mu_j(\bm{r}_j - \bm{r})}{r_{sj}^3}\left\{-\frac{2(\beta+\gamma)}{c^2}\sum_k \frac{\mu_k}{r_{sk}} - \frac{2\beta-1}{c^2}\sum_{k \neq j} \frac{\mu_k}{r_{jk}} +\right.$$

$$\gamma\left(\frac{v}{c}\right)^2 + (1+\gamma)\left(\frac{v_j}{c}\right)^2 - \frac{3}{2c^2}\left[\frac{(\bm{r}_j - \bm{r}) \cdot \dot{\bm{r}}_j}{r_{ij}}\right]^2 +$$

$$\left.\frac{1}{2c^2}(\bm{r}_j - \bm{r}_i) \cdot \ddot{\bm{r}}_j\right\} + \frac{1}{c^2}\sum_j \mu_j \frac{(\dot{\bm{r}}_j - \dot{\bm{r}})}{r_{sj}^3}\langle[\bm{r}_j - \bm{r}] \cdot$$

$$[(2+2\gamma)\dot{\bm{r}} - (1+2\gamma)\dot{\bm{r}}_j]\} + \frac{(3+4\gamma)}{2c^2}\sum_j \frac{\mu_j \ddot{\bm{r}}_j}{r_{sj}} \quad (3\text{-}10)$$

其中,$\bm{r}$ 表示探测器在太阳系质心天球参考系中的位置矢量,v 表示速度矢量的模,μ_j 表示各天体对应的引力常数,$\bm{r}_j$ 表示第 j 个天体在太阳系质心天球参考系中的位置矢量,r_{sj} 表示第 j 个天体距探测器的距离。式(3-10)中第一项即为牛顿力,其余项为后牛顿效应力。该项计算中涉及天体的位置、速度与加速度的计算,同样利用 JPL 行星历表通过插值获取行星位置与速度,再通过对位置项的切比雪夫多项式进行二次求导获取加速度。

3.1.2 月球重力场模型对定轨精度的影响分析

如前所述,月球探测器在月球附近受到的主要力源为月球引力。月球非球形引力摄动是环月段探测器受到的最主要的摄动力,该摄动模型的精度是影响环月探测器轨道确定和预报精度的主要因素[7]。

月球重力场模型的研究主要依赖于月球探测器,从20世纪60年代苏联发射第一个环月卫星开始,对月球重力场模型的研究和优化工作就一直在持续开展。早期的低阶低精度重力场模型包括Akim的7×7模型、Liu Laing的15×8模型以及Bill和Ferrari的16×16模型等。20世纪90年代后,随着探月卫星数目的增加和测量精度的提高,解算的重力场模型精度也不断提高,形成了Lun60d、Lun75a、GLGM1、GLGM2等模型。

目前,我国月球探测器测定轨中常用的月球重力场模型主要有LP165P、SGM150和GRAIL模型。其中,LP165P重力场模型由NASA的月球探测器(Lunar Prospector,LP)测量数据解算实现。由于无法直接获取月球背面的测量数据,该重力场的空白区约占月表的33%。SGM150月球重力场模型的解算加入了日本SELENE探测器的实测数据。由于SELENE任务设计了卫星跟踪卫星的测量模式,当主卫星处于月球背面时,中继星可以通过与主卫星的星间测量,实现月球背面重力场信息的采集,提高了重力场模型的精度[8]。GRAIL重力场模型由NASA的GRAIL月球重力探测双星测量数据解算实现[9]。GRAIL月球重力场探测计划借鉴高精度地球重力场探测计划(Gravity Recovery and Climate Experiment,GRACE)的成功经验,采用两颗低高度近极轨小卫星高精度星间测量模式,得到全月球均匀分布的星间Ka频段多普勒测量数据,解算得到高精度的420阶次和660阶次重力场模型[10]。

由此可见,月球重力场模型的精度在不断提高。计算表明,利用GRAIL重力场模型重新对LP探测器进行定轨,其定轨精度可提高3倍。国内外学者在月球重力场模型对环月探测器测定轨精度的影响方面开展了大量研究。他们利用CE-2环月段实测数据,比较分析了165×165阶次和100×100阶次的LP165P模型,100×100阶次的SGM100i及SGM100h模型,150×150阶次的SGM150模型对环月100km近圆轨道和$100\text{km}\times15\text{km}$椭圆轨道定轨精度的影响[11]。下面给出利用我国CE-2、CE-3和CE-5T1拓展任务期间的实测数据比较分析LP165P、SGM150和GRAIL重力场模型对定轨预报精度的影响。

CE-2探测器环月期间在高度为100km的近圆极轨道上飞行。CE-3探测器动力下降前在$15\text{km}\times100\text{km}$的极轨椭圆轨道上飞行。CE-5T1探测器在拓展任务期间,分别在环月$200\text{km}\times200\text{km}$、$160\text{km}\times180\text{km}$和$20\text{km}\times190\text{km}$的倾斜轨道(非极轨)上飞行。"嫦娥"系列探测器的跟踪测轨主要依靠地面测站,包括:佳木斯深空站、喀什深空站,喀什、青岛 18m 站及北京、上海、昆明、乌鲁木齐 4 个 VLBI 站。地面测站可以提供测距/测速以及 VLBI 时延/时延率等有效数据用于定轨。具体定轨策略如表 3-1 所示。

表 3-1 探月任务环月轨道定轨策略

项 目	说 明
参考系	历元月心 J2000 天球坐标系
月球重力场	LP165P(165×165 阶次)对应 DE 403 历表 SGM150(150×150 阶次)对应 DE 421 历表 GRAIL(660×660 阶次)对应 DE 421 历表
N 体引力	考虑太阳、地球及其他太阳系行星,位置由对应的 DE 历表计算
太阳辐射压	反射系数:1.24
探测器调姿引起的摄动	分段解算经验力
参数估计方法	最小二乘批处理
解算参数	位置、速度(解算经验力、测距系统差等)

采用不同重力场模型,利用上述 3 个探测器在不同环月轨道上的有效实测数据进行定轨,具体定轨弧段如表 3-2 所示,定轨后残差分别如图 3-1~图 3-4 所示,统计结果如表 3-3 和表 3-4 所示。

表 3-2 环月探测器定轨弧段

探测器	轨道类型	定轨弧段(UTC)	测量数据情况
CE-2	100km×100km (极轨)	2010-10-25 16:00—2010-10-26 02:00	弧段约 10h(有约 1/2 月球遮挡,无测量数据)
CE-3	100km×100km (极轨)	2013-12-10 13:00—2013-12-11 08:00	弧段约 19h(除月球遮挡外,还有约 11h 国外弧段无测量数据)
CE-5T1	20km×190km (倾斜轨道)	2015-03-05 10:00—18:00	弧段约 8h(有约 1/2 月球遮挡,无测量数据)
	160km×180km (倾斜轨道)	2015-03-06 06:00—18:00	弧段约 12h(有约 1/2 月球遮挡,无测量数据)
	200km×200km (倾斜轨道)	2015-03-07 12:00—17:00	弧段约 5h(有约 1/2 月球遮挡,无测量数据)

注:CE-5T1 探测器的三种环月轨道相对月球赤道面的轨道倾角在 41°~43°。

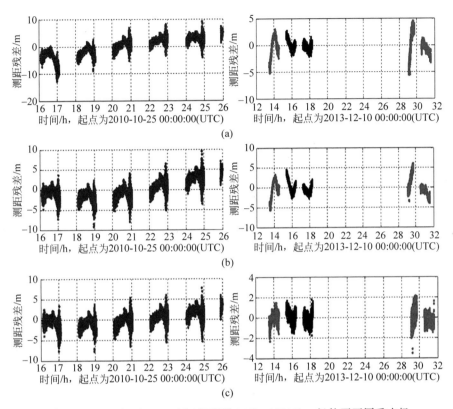

图 3-1　CE-2(左)和 CE-3(右)探测器 100km×100km 极轨下不同重力场
模型定轨后残差
(a) LP165P 模型；(b) SGM150 模型；(c) GRAIL 模型

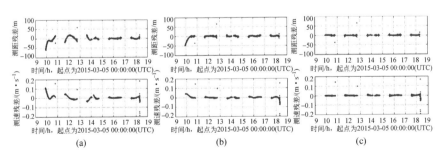

图 3-2　CE-5T1 探测器 20km×190km 倾斜轨道不同重力场模型定轨后残差
(a) LP165P 模型；(b) SGM150 模型；(c) GRAIL 模型

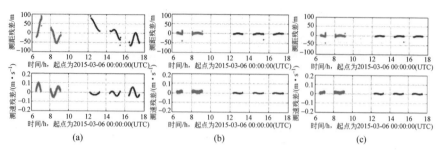

图 3-3　CE-5T1 探测器 160km×180km 倾斜轨道不同重力场模型定轨后残差
(a) LP165P 模型；(b) SGM150 模型；(c) GRAIL 模型

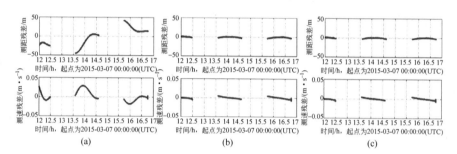

图 3-4　CE-5T1 探测器 200km×200km 倾斜轨道不同重力场模型定轨后残差
(a) LP165P 模型；(b) SGM150 模型；(c) GRAIL 模型

表 3-3　CE-2 和 CE-3 探测器 100km×100km 极轨不同重力场模型定轨后残差统计结果（均方根，root mean square，RMS）

重力场模型	CE-2 测距数据/m	CE-3 测距数据/m
LP165P	2.89	1.42
SGM150	2.12	1.81
GRAIL	1.57	0.55

表 3-4　CE-5T1 探测器倾斜轨道利用不同重力场模型定轨后测量数据残差统计（RMS）

轨道类型	重力场模型	测距/m	测速/(m·s^{-1})
20km×190km	LP165P	7.7	0.015
	SGM150	1.8	0.004
	GRAIL	0.98	0.002
160km×180km	LP165P	42.1	0.038
	SGM150	2.7	0.008
	GRAIL	2.8	0.008
200km×200km	LP165P	24.3	0.013
	SGM150	1.8	0.004
	GRAIL	1.8	0.004

根据上述实测数据定轨的残差结果,可以得到以下结论:

1) 对于低轨环月探测器(高度≤100km),利用 GRAIL 重力场模型进行定轨的残差小于其他 2 个模型;对于高度为 200km 的环月探测器,利用 GRAIL 和 SGM150 重力场模型进行定轨的残差相当,均优于 LP165P 重力场模型。

2) 对于极轨环月探测器的定轨,不同重力场模型的影响差异较小;对于倾斜轨道环月探测器(倾角≤45°)的定轨,采用 LP165P 重力场模型定轨后残差明显不符合测量设备精度指标,而采用其他 2 个重力场模型定轨后残差明显减小,达到设备精度指标。

由于 3 个重力场模型均由近极轨卫星轨道跟踪数据解算求得,不利于降低月球重力场特定阶次位系数之间的相关性,因此对于极轨环月探测器定轨的影响差异较小,而对倾斜轨道探测器定轨的影响差异较大。此外,由于 LP165P 模型解算时缺乏月球背面观测数据,故精度较低;而 GRAIL 重力场模型采用星间高精度测距数据解算,故精度更高。因此对于不同特征的环月轨道,应采用不同重力场模型进行定轨以保证环月探测器定轨预报精度。

3.2 GNSS 测量模型

GNSS 系统由以下 3 个部分组成:空间部分(导航卫星)、地面监控部分(地面站系统)和用户部分(接收机)。空间部分的每颗导航卫星均能持续发射两种频率的载波信号用于导航定位。地面监控部分由主控站、监测站、注入站、通信和辅助系统组成,主要功能是跟踪导航卫星,计算卫星轨道和钟差并按规定格式编制成导航电文注入各个卫星。用户接收机接收 GNSS 卫星信号,测定接收机至 GNSS 卫星的距离并利用导航星历进行导航定位。GNSS 接收机提供的基本观测量包括伪距、载波相位及多普勒数据,通常利用星载 GNSS 接收机的伪距和载波相位测量量对航天器进行定轨/定位。对基本观测量进行差分或其他处理后,可以得到一些衍生的数据类型以消除某些误差项[12]。下面详细给出常用的 3 类数据的测量模型。

3.2.1 伪距/相位测量模型

第 k 颗 GNSS 卫星对星载接收机的伪距观测方程为:

$$\rho^k = \tilde{\rho}^k + c\delta t - c\delta t^k + \delta\rho_{\text{rel}}^k + \delta\rho_{\text{ant}} + \delta\rho_{\text{ant}}^k + \varepsilon_\rho \tag{3-11}$$

其中,ρ^k 为伪距测量值,$\tilde{\rho}^k$ 为第 k 颗 GNSS 卫星至接收机的几何距离,δt 为接收机的钟差,δt^k 为第 k 颗 GNSS 卫星的钟差,$\delta\rho_{\text{rel}}^k$ 为相对论效应修

正,$\delta\rho_{ant}$ 为接收机天线相位中心改正,$\delta\rho_{ant}^k$ 为发射机天线相位中心改正,ε_ρ 为伪距观测噪声。

与伪距测量不同,载波相位观测量中含有整周模糊度,其观测方程可表示为:

$$\lambda\varphi^k = \tilde{\rho}^k + c\delta t - c\delta t^k + \delta\rho_{rel}^k + \delta\rho_{ant} + \delta\rho_{ant}^k - \lambda N^k + \varepsilon_\varphi \quad (3-12)$$

其中,φ^k 为载波相位测量值,λ 为波长,N^k 为相位模糊度,ε_φ 为相位观测噪声,其他项与伪距观测方程中的含义相同。相对伪距测量数据而言,在利用载波相位数据进行精密定轨时,首先需要在预处理中进行周跳探测与修复,进而在定轨中解算整周模糊度。为了探测数据中是否存在周跳,需要先修正测量数据中存在的各种误差,然后再利用高次差法、多项式拟合法、伪距相位组合法、电离层残差法、小波分析法和卡尔曼滤波等方法进行周跳探测和修复[13]。

GNSS 信号穿过大气层时会发生折射现象,从而使测量量中包括大气折射误差,但是由于对流层的影响主要在距地面 80km 高度以下,所以在星载接收机数据处理中可以不考虑对流层折射误差修正。而电离层的变化比较大,很难确定其影响边界,一般认为电离层的 85%～90% 处于 800km 以下,400～500km 高度的电子浓度最高,因此电离层对星载 GNSS 接收机测量数据是有影响的。GPS 导航电文提供 Klobuchar 电离层误差修正模型的参数,用于地面接收机测量数据误差修正。但是,星载接收机接收信号的传播路径与地面有很大差异。目前,绝大多数电离层误差修正模型都是针对地面用户的,不适用于星载 GNSS 数据处理。在 ESA 的 EQUATOR-S 卫星星载 GPS 试验中,科研人员针对星载接收机数据建立了电离层分层误差修正模型,将电离层分成若干层,每一层内的折射系数和总电子浓度相同,计算各层的折射系数,从而计算出电离层折射延迟[14]。对于月球探测器而言,跟踪到的 GNSS 卫星信号穿过电离层(以 1000km 为界)的数量占总量的比例小于 5%,故可以剔除这类数据,而在式(3-11)右端不考虑该项误差修正。另外与地面接收机相比,星载 GNSS 接收机不受测站的固体潮和海潮位移影响,多路径效应也大大削弱,因此式(3-11)右端也不包含多路径效应。下面针对式(3-11)中仍然包含的各类误差进行分析,并给出相应的误差修正方法[15]。

1. 与 GNSS 卫星有关的误差

计算 GNSS 卫星至接收机的几何距离时需要已知 GNSS 卫星的位置,通常可以利用广播星历或精密星历来获取。目前,国际 GNSS 服务组织

(International GNSS Service,IGS)实时提供的 GPS 卫星的广播星历位置精度(RMS)约为 1m,超快星历位置精度为 $3\sim5$cm,快速星历和最终精密星历位置精度约为 2.5cm;GLONASS 卫星的最终精密星历位置精度约为 3cm。

另一项与 GNSS 卫星有关的误差项是卫星钟差。目前,IGS 实时提供的 GPS 卫星广播星历中的卫星钟差 RMS 约为 5ns,超快星历中的卫星钟差 RMS 为 $0.15\sim3$ns,快速星历和最终精密星历中的卫星钟差 RMS 约为 0.075ns。本书在利用 GNSS 测量数据对月球探测器进行事后精密定轨时采用 IGS 发布的最终精密星历,实时定轨采用广播星历。

GNSS 卫星星历给出的卫星轨道是卫星质心在国际地球参考系(GPS 卫星采用 WGS 84 坐标系)中的位置,而 GNSS 观测量是以卫星和接收机天线相位中心为准测量的,因此需要考虑 GNSS 卫星质心至天线相位中心的修正。发射天线相位中心的误差通常包含两部分:一是天线相位中心偏差,指天线的平均相位中心与卫星质心之间的偏差,为固定偏差向量,需要在 GNSS 卫星发射前测量,约为米级;二是天线相位中心变化,指天线的瞬时相位中心与平均相位中心之间的偏差,与信号方向有关。这两部分的相关参数可从 JPL 相关网站获取。天线相位中心偏差的分量是在卫星本体坐标系中给出的。该坐标系定义为:以卫星质心为原点,Z 轴指向地心,Y 轴为太阳至卫星方向与 Z 轴方向的叉乘矢量方向,X 轴与 Y、Z 轴构成右手系。

根据定义,可以计算出卫星本体坐标系的 3 个轴在地心天球参考系中的矢量表示,即为卫星本体坐标系至地心天球参考系的转换矩阵 (e_x e_y e_z)。北斗 IGSO/MEO 卫星、GPS 卫星的坐标转换矩阵为:

$$e_z = -\frac{r}{|r|}, \quad e_y = e_z \times \frac{r_{sun}-r}{|r_{sun}-r|}, \quad e_x = e_y \times e_z \quad (3\text{-}13)$$

其中,r、r_{sun} 为地心天球参考系中的卫星位置矢量和太阳位置矢量。

北斗 GEO 卫星的坐标转换矩阵为:

$$e_z = -\frac{r}{|r|}, \quad e_y = e_z \times \frac{v}{|v|}, \quad e_x = e_y \times e_z \quad (3\text{-}14)$$

其中,r 和 v 分别为地心天球参考系中卫星的位置和速度矢量。

这样就实现了 GNSS 卫星天线相位中心偏差矢量从卫星本体坐标系至地心天球参考系的转换,由此计算出天线相位中心偏差:

$$R_{ant,GCRS} = (e_x \quad e_y \quad e_z) \cdot r_{ant,sf} \quad (3\text{-}15)$$

其中,GNSS 卫星天线相位中心在地心天球参考系和卫星本体坐标系中的

坐标分别为 $\boldsymbol{R}_{\rm ant,GCRS}$ 和 $\boldsymbol{r}_{\rm ant,sf}$ 的分量。在这项计算基础之上，再考虑天线相位中心相对信号的方位角和俯仰角的变化，即可完成发射天线相位中心的误差修正[15]。

2. 与探月卫星有关的误差

与探月卫星有关的误差项首先是星载接收机钟差。为了消除接收机钟差的影响，可以通过对同一时刻获取的不同 GNSS 卫星观测量进行差分，差分观测量的定义见 3.2.2 节。此外还可以通过递归求解钟差算法，在定轨过程中解算每个观测量对应时刻的接收机钟差，具体算法见 5.2.3 节。

与探月卫星有关的另一项误差是接收天线相位中心改正。该项误差与 GNSS 卫星发射天线相位中心改正类似，需要获取探月卫星接收机天线相位中心相对卫星质心的偏差矢量信息并进行坐标转换，实现该误差的修正。

此外还有一项误差与 GNSS 卫星和探月卫星均有关，即相对论效应影响。该项是由 GNSS 卫星钟和接收机钟在惯性空间中的运动速度不同以及两部钟所在位置的地球引力位不同而引起的，包括常数项和周期项漂移两部分。其中，常数项部分 $\Delta f = 4.443 \times 10^{-10} \cdot f$（$f$ 为卫星钟的标称频率），可以通过在 GNSS 卫星发射之前于地面上将原子钟频率降低而消除。周期项漂移部分为：

$$\delta \rho_{\rm rel} = -\frac{2}{c}(\boldsymbol{r}_{\rm G} \cdot \dot{\boldsymbol{r}}_{\rm G} - \boldsymbol{r}_{\rm S} \cdot \dot{\boldsymbol{r}}_{\rm S}) \tag{3-16}$$

其中，$\boldsymbol{r}_{\rm G}$ 和 $\dot{\boldsymbol{r}}_{\rm G}$ 分别为 GNSS 卫星的位置和速度矢量，$\boldsymbol{r}_{\rm S}$ 和 $\dot{\boldsymbol{r}}_{\rm S}$ 分别为星载接收机的位置和速度矢量。

由于月球探测器在惯性空间的飞行速度较大且位置矢量和速度矢量不垂直，因此相对论效应的影响较大。例如在地月/月地转移轨道段，该项可达到 800m 以上；在环月轨道段，该项可达 1km 以上。

为了验证对 GNSS 测量量计算的正确性，选取 GRACE-A 卫星的 GPS 实测数据进行残差分析。GRACE 计划的科学目标是反演高精度地球重力场，包括两个低高度近极轨小卫星（A 星、B 星），初始轨道高度为 485km，轨道倾角约为 89°。GRACE 两个卫星都搭载了 BlackJack GPS 接收机阵列用于厘米级轨道确定。国内外多个机构（如 GFZ、JPL、武汉大学和上海天文台等）都对 GRACE 卫星进行了精密定轨，精度均可达到厘米量级。本书对 GRACE-A 卫星的 GPS 实测数据进行残差分析，结果表明，伪距数据残差 RMS 约为 0.69m，载波相位数据残差 RMS 约为 1.29cm，具体数据弧段为 2010-01-01 00:00—2010-01-02 00:00，如图 3-5 所示。

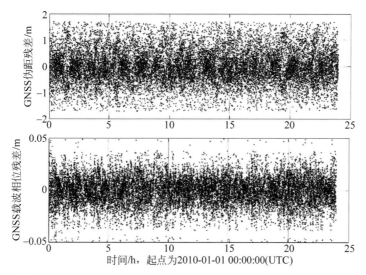

图 3-5 GRACE 卫星 GPS 伪距和载波相位数据定轨后残差

3.2.2 差分伪距/相位测量模型

由于星载接收机通常采用常温晶振作为频率基准,因此接收机钟差往往数值大、变化快,而且变化规律难以精确建模。例如,CE-5T1 探测器上的 GNSS 接收机采用了稳定度为 1×10^{-6} 的常温晶振,接收机钟约每 10min 校准 1 次,钟差变化达 0.5ms,对伪距测量量的影响如图 3-6 所示。

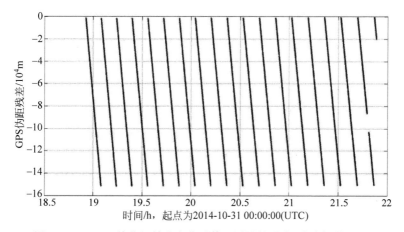

图 3-6 CE-5T1 接收机钟差变化对伪距测量的影响(消除轨道影响)

为了消除接收机钟差,可以采用星间差分观测量进行定轨计算。根据式(3-11),第 k 颗 GNSS 卫星和第 j 颗 GNSS 卫星的星间差分伪距观测方程为:

$$\rho^k - \rho^j = \tilde{\rho}^k - \tilde{\rho}^j - c\delta t^k + c\delta t^j + \delta\rho_{\text{rel}}^k - \delta\rho_{\text{rel}}^j + \delta\rho_{\text{ant}}^k - \delta\rho_{\text{ant}}^j + \varepsilon_{\rho^{kj}} \tag{3-17}$$

其中,各量的含义参考式(3-11)。

同理,可以给出差分载波相位的观测方程为:

$$\lambda\varphi^k - \lambda\varphi^j = \tilde{\rho}^k - \tilde{\rho}^j - c\delta t^k + c\delta t^j + \delta\rho_{\text{rel}}^k - \delta\rho_{\text{rel}}^j + \delta\rho_{\text{ant}}^k - \delta\rho_{\text{ant}}^j - \lambda N^k + \lambda N^j + \varepsilon_{\rho^{kj}} \tag{3-18}$$

其中,各量的含义参考式(3-12)。

3.2.3 相位平滑伪距测量模型

GNSS 伪距测量以测距码作为量测信号,测量精度不高,C/A 码测量精度仅能达到米级;而载波相位测量以载波作为量测信号,其测量精度比伪距测量高 2~3 个数量级。但是载波相位测量量中存在整周模糊和整周跳变这两个特有问题,因此载波相位测量数据处理过程较伪距测量更为复杂,适合事后精密定轨。如果将伪距无整周模糊和载波相位测量精度高的特点相结合,利用载波相位变化信息辅助伪距测量量,可以提高测量精度,同时避免整周模糊的求解问题,这就是相位平滑伪距的原理[16]。下面给出历元间相位变化量平滑伪距的测量模型。

根据伪距和载波相位的测量模型式(3-11)和式(3-12),可以得到接收机对于相同导航卫星和相同时刻对应的两观测量之间的数学关系式:

$$\rho_i = \lambda\varphi_i + \lambda N \tag{3-19}$$

式(3-19)中 i 表示第 i 个历元时刻。在没有发生周跳的弧段内,载波相位的整周模糊度 N 保持不变,接收机对载波相位 φ 进行连续计数,假设连续跟踪 n 个测量时刻($i=1,2,\cdots,n$),则根据式(3-19)可得:

$$\lambda N = \frac{1}{n}\sum_{i=1}^{n}(\rho_i - \lambda\varphi_i) \tag{3-20}$$

由此,第 $n+1$ 时刻的平滑伪距测量模型为:

$$\begin{aligned}
\bar{\rho}_{n+1} &= \lambda\varphi_{n+1} + \lambda N_{n+1} \\
&= \lambda\varphi_{n+1} + \frac{1}{n+1}\sum_{i=1}^{n+1}(\rho_i - \lambda\varphi_i) \\
&= \frac{1}{n+1}\rho_{n+1} + \frac{n}{n+1}(\bar{\rho}_n + \lambda\varphi_{n+1} - \lambda\varphi_n)
\end{aligned} \tag{3-21}$$

其中，$\bar{\rho}_{n+1}$ 和 $\bar{\rho}_n$ 分别为第 $n+1$ 和第 n 时刻的平滑伪距，φ_{n+1} 和 φ_n 分别为第 $n+1$ 和第 n 时刻的载波相位观测量，ρ_{n+1} 为第 $n+1$ 时刻的伪距观测量。

给定初始条件 $\bar{\rho}_1 = \rho_1$，则可利用式（3-21）得到各时刻的载波相位平滑伪距观测量，而且该观测量的噪声相对伪距观测量噪声大大减小。若伪距噪声的方差为 $\sigma^2(\rho)$，则载波相位平滑伪距观测量的噪声方差为 $\sigma^2(\bar{\rho}) \approx \sigma^2(\rho)/n$。可见，测量精度提高了 $\sqrt{n}$ 倍，这与平滑数据点数有关。平滑点数应根据经验选取合适的数值，过多会使当前时刻伪距观测量权重很小，而相位误差的累积会导致数据发散；点数过少会使载波相位的贡献减小，影响平滑精度。

由于式（3-21）的前提是不存在载波相位整周跳变，因此在进行载波相位平滑伪距前需要对数据进行预处理：根据 3σ 原则剔除伪距测量数据的野值，再利用多项式拟合等方法探测载波相位的周跳并修复。在利用式（3-21）进行载波相位平滑伪距时，还可以设定周跳门限，实时根据 $|(\rho_{i+1}-\rho_i)-\lambda(\varphi_{i+1}-\varphi_i)|$ 来判断是否存在周跳，若该值大于门限则存在周跳，应重新开始平滑。

根据上述计算公式，利用 GRACE 卫星的 GPS 实测数据进行相位平滑伪距处理，平滑后伪距数据残差 RMS 约为 0.37m，相比 3.2.1 节给出的伪距数据残差 RMS 降低约 50%。

3.3 地基测量模型

目前，月球探测任务的测量与导航主要依赖地基测量系统。地基测量数据类型主要包括：测距、多普勒测量和 VLBI 干涉测量。根据发射端和接收端的不同，测距和多普勒测量可以分为单向、双向和三向模式，在地球和月球探测器上主用的是双向测量模式。干涉测量采用星上发、地面收的单向模式。对于地月/月地转移轨道段，测量模型在地心框架下建立；对于环月、月面段，测量模型在太阳系质心相对论框架下建立。

3.3.1 双向测距和多普勒测量

双向测距的原理是由地面测站发射带有特殊标记的上行信号，航天器接收该信号并转发，再由同一地面测站接收下行信号，通过比较发射信号和接收信号之间的时间差或相位差，从而得到双向距离信息。因此，双向测距的测量模型为[17]：

$$\begin{aligned}\rho_{2w} &= |\boldsymbol{r}_{\text{sat}}(t_2) - \boldsymbol{R}_{\text{sta}}(t_3)| + |\boldsymbol{r}_{\text{sat}}(t_2) - \boldsymbol{R}_{\text{sta}}(t_1)| \\ &= (\text{UTC}_3 - \text{UTC}_1) \cdot c \\ &= [(\text{TDB}_3 - \text{TDB}_1) - (\text{TDB}_3 - \text{UTC}_3) + (\text{TDB}_1 - \text{UTC}_1)] \cdot c \end{aligned} \tag{3-22}$$

其中,t_1 是测站发射信号的时刻,t_2 是航天器转发下行信号的时刻,t_3 是测站接收到信号的时刻,$\boldsymbol{R}_{\text{sta}}(t)$ 是 t 时刻测站位置矢量,$\boldsymbol{r}_{\text{sat}}(t)$ 为 t 时刻航天器的位置矢量。角标 1 和角标 3 分别表示测站发信号和收信号的时刻,c 为光速。式(3-22)计算过程中,UTC_3 为已知的测站接收信号的时标,UTC_1 需要根据探测器的轨道状态矢量迭代求解。

可见,测距数据建模的基础是迭代计算光行时。在太阳系质心天球参考系中,计算光行时需要考虑相对论影响,除考虑日心引力时延外,还需要考虑行星、外行星系统及月球产生的引力时延;在地心天球参考系中,计算光行时仅考虑地心引力时延,其他行星等的引力时延忽略不计。此外还需要考虑对流层、电离层延迟带来的测距误差并进行修正。

双向多普勒(距离变化率)测量的基本原理是多普勒效应。采用高稳定的同一地面频率源作为上行链路信号和下行信号检测器的参考信号,可得到高精度的视向距离变化率测量值。通常多普勒测量的直接数据是频率,由频率和视向距离变化率之间的关系可以建立多普勒数据的测量模型[18-19]:

$$\begin{aligned}\dot{\rho} &= \left(1 - \frac{1}{M}\frac{f_\text{R}}{f_\text{S}}\right) \cdot c = \frac{c}{\Delta T}[(\text{UTC}_3 - \text{UTC}_1)_e - (\text{UTC}_3 - \text{UTC}_1)_s] \\ &= \frac{c}{\Delta T}[(\text{TDB}_3 - \text{TDB}_1)_e - (\text{TDB}_3 - \text{TDB}_1)_s] + \frac{c}{\Delta T}[(\text{TDB}_1 - \text{UTC}_1)_e - \\ &\quad (\text{TDB}_1 - \text{UTC}_1)_s] - \frac{c}{\Delta T}[(\text{TDB}_3 - \text{UTC}_3)_e - (\text{TDB}_3 - \text{UTC}_3)_s] \\ &= \frac{\rho_{2w,e} - \rho_{2w,s}}{\Delta T}\end{aligned} \tag{3-23}$$

其中,$\dot{\rho}$ 为视向距离变化率,f_R 为接收频率,f_S 为发射频率,M 为探测器上应答机的转发比。ΔT 为积分周期,角标 s 和 e 分别表示积分开始和结束的时刻。式中 UTC_{3e} 为已知的测站接收信号的时标且为积分结束时刻,由此 $\text{UTC}_{3s} = \text{UTC}_{3e} - \Delta T$ 为已知量,需要根据探测器的轨道状态矢量迭代求解 UTC_{1e} 和 UTC_{1s}。$\rho_{2w,e}$ 和 $\rho_{2w,s}$ 分别为积分终点和起点时刻的双向测距。同样,多普勒数据处理时也需要修正对流层、电离层延迟带来的误差。

三向测量与双向测量的不同点在于上行信号发射站和下行信号接收站为不同的两个站,三向测量模型与双向测量模型(见图3-7)类似,仅在计算下行光行时时站址不同。CE-3探测器在月球动力下降段和月面软着陆过程中使用三向测量模式,由喀什深空站发射上行信号,经转发后由喀什、佳木斯深空站和三亚站同时接收下行信号,从而获取双向/三向测量数据,实现了对动力下降和月面着陆的实时定轨/定位[20-21]。

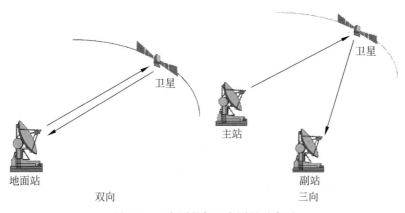

图 3-7　双向测量与三向测量示意图

通常用于计算地基双向/三向测距和多普勒测量量的对流层折射误差的模型包括 Hopfield 模型和 Saastamoinen 模型等,考虑到地面站天线在不同仰角上对航天器进行跟踪测量,需要采用映射函数将天顶延迟投影到观测方向上,常用的映射函数有 Chao、Neil、MTT 和 CfA 等。对流层延迟在天顶方向大约为 2m,在仰角为 6°时达 20m。对流层折射误差可以表示为干性大气折射误差分量和湿大气误差分量之和,单向测距的对流层折射误差修正量可以表示为:

$$\Delta \rho_{1w} = z_{\text{wet}} \cdot F_{\text{wet}}(E) + z_{\text{dry}} \cdot F_{\text{dry}}(E) \tag{3-24}$$

其中,$z_{\text{wet/dry}}$ 是湿/干天顶延迟,E 是仰角,$F_{\text{wet/dry}}(E)$ 是湿/干分量映射函数。双向和三向测距的对流层折射误差分别为发射和接收信号方向上 $\Delta \rho_{1w}$ 的和。干分量约占总天顶延迟的 95%,与地面气压成正比;湿分量与沿信号方向的水汽密度成正比且不稳定。我国深空站配备了 GPS 校准系统,可用来测量、计算天顶延迟误差。

与对流层不同,电离层对不同频率的信号影响不同,延迟量与频率的平方成反比。常用的计算总电子含量(total electron content,TEC)的模型有 Bent 模型、IRI 模型和 Klobuchar 模型等。单向测距的电离层折射误差修正量可以表示为：

$$\Delta\rho_{1w} = \frac{40.31}{f^2}\text{TEC} \tag{3-25}$$

其中，f 是信号频率，TEC 是信号传播路径上的总电子含量。利用我国深空站配置的 GPS 校准系统，可以得到信号方向上的 TEC 校准值。如果卫星能同时用两种频率发射信号，可以采用双频改正法修正电离层延迟误差。

地基测量数据还受到站址误差的影响。我国深空站的站址坐标精度优于 1cm，需要考虑影响达到厘米级的修正量，包括板块漂移和潮汐改正（固体潮、海潮和极潮），相关计算模型参见 IERS 协议（2010）。

此外，地基多普勒测量数据中还可能存在时标偏差。在地心天球参考系中测距量和探测器状态矢量之间的关系[22]如图 3-8 所示，其中 r 是探测器的地心距离，α、δ 是探测器的赤经、赤纬，r_s 为测站到 z 轴的距离，z_s 为测站到 XOY 平面的距离，φ 为测站的经度，α_g 为格林尼治的赤经。在该坐标系中，探测器的状态矢量可以表示为球坐标形式 $\boldsymbol{X}_{\text{sph}} = (r,\alpha,\delta,\dot{r},\dot{\alpha},\dot{\delta})^{\text{T}}$ 和直角坐标形式 $\boldsymbol{X}_{\text{car}} = (x,y,z,\dot{x},\dot{y},\dot{z})^{\text{T}}$。地面测站的位置矢量可以表示为 $\boldsymbol{R}_{\text{sta}} = (r_s\cos(\alpha_g+\varphi), r_s\sin(\alpha_g+\varphi), z_s)$。对于月球探测器，距离变化率 $\dot{\rho}$ 可以近似表示为[23]：

$$\dot{\rho}(t) \approx \dot{r}(t) + r_s\dot{\varphi}(t)\cos\delta(t)\sin(\alpha_g+\varphi(t)-\alpha(t)) \tag{3-26}$$

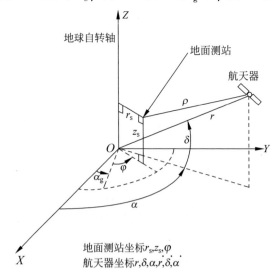

图 3-8 地心天球参考系中的探测器状态矢量和测站位置矢量

对式(3-26)两端关于时间 t 求导数,可得 $\ddot{\rho}$ 的近似表达式为:
$$\ddot{\rho}(t) \approx \ddot{r}(t) + \omega_e r_s [(\omega_e - \dot{\alpha}(t))\cos\delta(t)\cos(\alpha_g + \varphi(t) - \alpha(t)) - \dot{\delta}(t)\sin\delta(t)\sin(\alpha_g + \varphi(t) - \alpha(t))] \quad (3\text{-}27)$$

其中,$\dot{\varphi} \approx \omega_e$,$\omega_e$ 为地球自转平均角速度。

在式(3-27)右端,不考虑常数 ω_e、r_s 和 α_g,其他变量 $\ddot{r}$、α、δ、$\dot{\alpha}$ 和 $\dot{\delta}$ 为表征探测器运动状态的量。环月探测器的运动对应中心天体为月球的受摄二体问题,其运动规律为受摄条件下的圆锥曲线,运动周期称为"轨道周期"。因此,表征探测器运动状态的量 $(r,\alpha,\delta,\dot{r},\dot{\alpha},\dot{\delta},\ddot{r},\ddot{\alpha},\ddot{\delta})$ 均为按照轨道周期变化的变量,那么 $\ddot{\rho}$ 的变化周期也与轨道周期一致。

在 t 时刻,多普勒测速数据残差的定义为测量量与理论计算量的差,即:
$$\text{res}(t) = \dot{\rho}_o(t) - \dot{\rho}_c(t) \quad (3\text{-}28)$$

其中,$\dot{\rho}_o$ 为多普勒测速的测量值,$\dot{\rho}_c$ 为多普勒测速的计算值。在测量数据和定轨结果均正常的情况下,多普勒测速数据的 res 应为服从 $N(0,\sigma^2)$ 分布的随机误差,σ 为多普勒测速数据的测量精度。对于 CE-3 探测器获取的深空站多普勒测速数据而言,$\sigma = 1\text{mm/s}$。

假设多普勒测速量的时标 t 存在常值偏差 Δt,那么 t 时刻的残差可以表示为:
$$\widehat{\text{res}}(t) = \dot{\rho}_o(t + \Delta t) - \dot{\rho}_c(t) \quad (3\text{-}29)$$

根据泰勒展开将 $\dot{\rho}_o(t + \Delta t)$ 展开为:
$$\dot{\rho}_o(t + \Delta t) = \dot{\rho}_o(t) + \ddot{\rho}_o(t) \cdot \Delta t + \frac{1}{2}\dddot{\rho}_o(t) \cdot (\Delta t)^2 + o(\Delta t)^2 \quad (3\text{-}30)$$

其中,$\ddot{\rho}_o$ 和 $\dddot{\rho}_o$ 分别为多普勒测速测量量的一阶和二阶导数,$o(\Delta t)^2$ 表示 $(\Delta t)^2$ 的高阶小量。将式(3-30)代入式(3-29),可得:
$$\widehat{\text{res}}(t) = \text{res}(t) + \ddot{\rho}_o(t) \cdot \Delta t + o(\Delta t)^2 \quad (3\text{-}31)$$

通常 $|\Delta t| \ll 1\text{s}$ 为小量,可以忽略式(3-31)中 $o(\Delta t)^2$ 项,则:
$$\text{bias}(t) = \widehat{\text{res}}(t) - \text{res}(t) \approx \ddot{\rho}_o(t) \cdot \Delta t \quad (3\text{-}32)$$

由此可见,当时标偏差 Δt 为常数时,会导致多普勒测速数据残差中包含与轨道周期一致的周期性变化项。

基于双向多普勒测量模型,利用上海天文台开发的月球探测器定轨定位综合软件[24],对 CE-3 探测器在 100km×100km 环月轨道段上由我国佳木斯和喀什两深空站测量的多普勒测速数据进行处理分析。测量数据弧段为 2013-12-09 04:00—2013-12-09 17:05(约 13h)。分别采用测距+VLBI测量数据和多普勒+VLBI测量数据两种方案确定事后精密轨道,定轨后VLBI时延和时延率数据残差正常,而测距和多普勒测速数据的残差如图 3-9 所示。

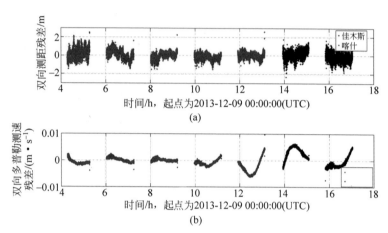

图 3-9 测距和多普勒测速数据分别联合 VLBI 数据定轨后残差(后附彩图)
(a) 综合测距和 VLBI 测量数据定轨后 ρ 数据残差;(b) 综合多普勒测速和 VLBI 测量数据定轨后 $\dot{\rho}$ 数据残差

由图 3-9 可见:测距+VLBI 测量数据定轨后测距数据残差正常,测距数据的残差 RMS 为 0.41m,VLBI 时延数据残差 RMS 为 0.67ns,时延率数据残差 RMS 为 0.5ps/s。而多普勒测速+VLBI 测量数据定轨后,多普勒测速数据残差 RMS 为 3mm/s,存在与轨道周期高度相关的周期项,振幅达到 1cm/s。因此,用测距+VLBI 测量数据确定的事后精密轨道是可信的,可以作为后续分析的基准轨道,该轨道的精度可达 20m;而多普勒测速数据残差中存在可能由时标偏差造成的周期项。时标偏差修正方法包括基于轨道约束的自校准方法和差分统计校准法两种。

1. 基于轨道约束的自校准方法

通常对月球探测器进行定轨采用统计估计方法,该方法首先根据动力学运动规律建立状态方程,利用数值积分方法求解状态方程;再根据测量量的物理意义建立测量方程,通过对测量方程线性化给出条件方程;最后通过迭代求解条件方程,从而得到轨道参数的最优估计。基于统计估计方法,在解算探测器轨道参数的同时,将时标偏差作为待估的测量系统误差参数同时估计出来,就是时标偏差的自校准方法[25]。采用该方法还可以同时解算轨道动力学参数和其他测量系统误差。这样可以在解算出多普勒测速数据时标偏差的同时,将时标偏差修正后的多普勒测速数据用于轨道参数的估计。

为了使解算结果更加可靠,要求测量类型和测量数据都有足够的冗余度。分别采用13h的多普勒测速数据联合测距、VLBI时延/时延率数据和多普勒测速数据联合测距数据两种方案进行统计定轨,并校准多普勒测速数据的时标偏差,计算结果为实数型。

第一种方案计算的结果是佳木斯和喀什深空站的时标偏差分别为 -25.05ms和 -10.08ms;第二种方案计算的结果是两深空站的时标偏差分别为 -25.01ms和 -10.09ms。考虑到佳木斯深空站多普勒测速数据的基础采样间隔为25ms,喀什深空站多普勒测速数据的基础采样间隔为10ms,多普勒测速数据的时标偏差应与基础采样间隔相匹配(以毫秒为单位的整数倍),因此确定佳木斯深空站多普勒测速数据时标偏差为 -25ms,喀什深空站为 -10ms。

采用自校准方法确定了两个深空站多普勒测速数据的时标偏差,同时还确定了CE-3探测器的轨道,定轨结果和基准轨道的比较如下:第一种方案定轨位置误差约为2.6m,速度误差约为0.2cm/s;第二种方案定轨位置误差约为29.0m,速度误差约为2.6cm/s。第一种方案定轨后,VLBI时延残差RMS为0.7ns,时延率残差RMS为0.5ps/s。两种方案定轨后,测距数据残差RMS均为0.41m,多普勒测速数据定轨后残差RMS均为0.3mm/s。测距和多普勒测速数据残差如图3-10所示。

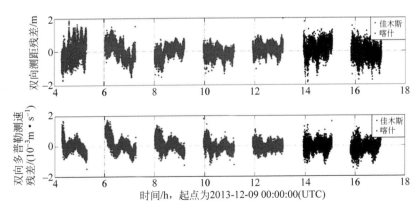

图3-10 测距和时标偏差校准后的多普勒测速数据定轨残差(后附彩图)

2. 差分统计校准法

在测站跟踪探测器时,可以获取间隔为1s的多普勒测速数据序列,对该数据序列进行差分处理,可以作为式(3-32)中$\ddot{\rho}_o$的近似,即:

$$\ddot{\rho}_o(t_n) \approx \frac{\dot{\rho}_o(t_{n+1}) - \dot{\rho}_o(t_n)}{t_{n+1} - t_n} \tag{3-33}$$

其中,t_n为多普勒测速的测量值对应的测量时标,$n=1,2,\cdots$。对于月球探测器,在地月转移轨道段,$\ddot{\rho}$的量级为$10^{-3} \sim 10^{-2} \mathrm{m/s^2}$,而通常$|\Delta t| \ll 1\mathrm{s}$,根据式(3-32),bias将会淹没在残差$\widehat{\mathrm{res}}$中无法识别。但是在环月轨道段,$\ddot{\rho}$的量级可达$1\mathrm{m/s^2}$,则$\widehat{\mathrm{res}}$中会明显地表现出bias。

考虑到CE-3探测器实测多普勒测速数据的$\widehat{\mathrm{res}}$量级为2cm/s,res的量级为1mm/s,而$\ddot{\rho}$的量级达到$1\mathrm{m/s^2}$。那么根据式(3-31),忽略res项,计算每个测量时刻的Δt_n近似值:

$$\Delta t_n = \frac{\widehat{\mathrm{res}}(t_n) - \mathrm{res}(t_n)}{\ddot{\rho}_o(t_n)} \approx \frac{\widehat{\mathrm{res}}(t_n)}{\ddot{\rho}_o(t_n)} \tag{3-34}$$

$\ddot{\rho}$和Δt_n的计算结果如图3-11所示。对比图3-9和图3-11,可见$\ddot{\rho}_o(t_n)$变化周期与多普勒测速数据残差中的周期项一致,均为轨道周期。

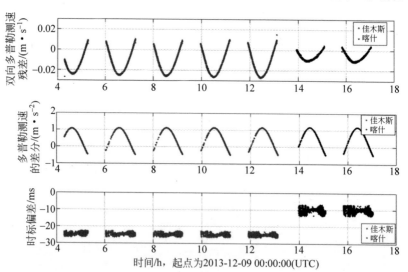

图3-11 环月段深空站多普勒测速数据差分结果和计算的时标偏差值(后附彩图)

对计算得到的Δt_n按照3σ原则剔除野值后进行统计分析,计算佳木斯和喀什深空站Δt_n的统计量并给出分位图[26],分别如表3-5和图3-12所示。

3.3 地基测量模型

表 3-5　多普勒测速数据时标偏差统计结果

测站	均值 μ/ms	标准差 σ/ms	偏度	峰度
佳木斯(JMS)	−24.76	0.72	0.14560	−0.03582
喀什(KS)	−10.16	1.27	−0.28430	0.05471

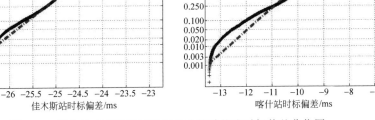

图 3-12　深空站多普勒测速数据差分统计校准时标偏差分位图

由表 3-5 和图 3-12 可见,对于佳木斯深空站,时标偏差均值为 −24.76ms,偏度>0,峰度<0,表明其均值右边的数据比均值左边的数据分布更散,但均值两侧的极端数值较少;而喀什深空站的时标偏差均值为 −10.16ms,数据特征与佳木斯深空站相反。两个深空站时标偏差的分位图均接近直线 $y=\sigma x+\mu$,因此多普勒测速时标偏差近似服从正态分布,分别为 $N(-24.76,0.515)$ 和 $N(-10.16,1.609)$。

同样,考虑多普勒测速测量数据的时标偏差应与基础采样间隔相匹配,故得到与自校准方法相同的结论:佳木斯深空站多普勒测速数据时标偏差为 −25ms,喀什深空站为 −10ms。

将 CE-3 探测器的实测多普勒测速数据进行时标修正后,联合 VLBI 数据定轨,其结果和基准轨道的位置误差为 2.5m,速度误差为 0.1cm/s;联合测距数据定轨,其结果和基准轨道的位置误差约为 25m,速度误差约为 2.3cm/s。这两种情况下,多普勒测速数据定轨后残差 RMS 约为 0.3mm/s。上述结果也与自校准方法的结果基本一致。

至此,分别采用基于轨道约束的自校准方法和差分统计校准方法补偿了深空站多普勒测速数据的时标偏差并利用多普勒测速数据实现了 CE-3

探测器环月轨道的确定,比较两种方法可得:

1) 自校准方法可以在解算时标偏差的同时确定探测器的轨道,时标偏差的计算精度(实数型)优于 1%,而且定轨结果和基准轨道的一致性很高,但是需要多种类型的测量数据并且要保证有足够长的跟踪弧段;

2) 差分统计校准方法需要先对多普勒测速数据进行处理分析以补偿时标偏差,时标偏差的计算精度约为 2%,然后再利用多普勒测速数据进行定轨,优点是可以单独使用时标偏差补偿后的多普勒测速数据定轨。

经过"嫦娥"系列探测器实测数据分析可知,S 频段双向测距精度达到 3m,双向多普勒测速精度达到 1cm/s;X 频段双向/三向测距精度达到 1m,双向/三向多普勒测速精度达到 1mm/s。传统的地基双向测距、测速也广泛应用于月球以远的深空探测器轨道测量,下面以 ESA 金星快车(Venus Express,VEX)探测器环绕金星段的实测数据为例,给出双向测量数据处理结果。

VEX 探测器于 2006 年 4 月 11 日进入环绕金星的大椭圆轨道,相对金星赤道的轨道倾角约为 89.98°,近心点接近金星北极,高度约 302km,远心点高度约 66 564km,轨道周期约 24h。飞行姿态采用三轴稳定对金星定向姿态,其中±Y 轴太阳帆板对太阳定向。VEX 探测器过近心点后约 2h,位于西班牙的塞夫雷罗斯(Cebreros,CEB)深空站开始跟踪,每天 CEB 站跟踪弧段仅覆盖升轨到远心点的部分(有时可以包含远心点),可以获取双向测距和多普勒测速(积分间隔 60s)数据。ESOC 利用双向测速数据进行精密定轨,给出事后精密轨道,定轨位置精度约为 500m。

选取 2013 年 5 月 21—27 日的 CEB 站测距、积分多普勒测速数据,每天的跟踪弧段约 9h,测距数据采样率为 5min,多普勒测速数据采样率为 1min。以 ESOC 计算的事后精密轨道作为基准,利用上述模型可以计算双向测距和多普勒测速数据的残差并进行分析。

由于电离层延迟误差对 X 频段测距数据的影响较小,介质延迟主要来自对流层,计算光行时需要利用气象数据来修正对流层折射误差。修正后测距数据残差存在明显系统差,测量噪声的 RMS 约为 1m,如图 3-13 和表 3-6 所示。由于未使用测距数据进行事后精密定轨,因此测距系统差反映了事后精密轨道的偏差和金星历表的误差。此外,对流层折射误差修正对测距数据残差的影响达到 6~20m,因此采用 Sassastmonion 模型计算天顶方向的对流层折射误差修正量,并利用 Neil 函数作为映射函数计算各测量数据对应的对流层折射误差修正量。

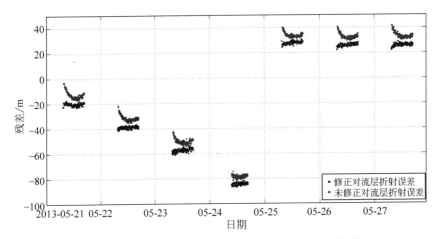

图 3-13　利用事后精密轨道计算的测距数据残差(后附彩图)

表 3-6　利用事后精密轨道计算的测距系统差

相关参数	日期						
	05-21	05-22	05-23	05-24	05-25	05-26	05-27
系统差/m	−20.3	−38.9	−57.5	−84.5	27.4	25.6	25.6
噪声(RMS)/m	1.1	1.0	1.4	1.1	1.2	1.2	1.3

多普勒测速数据的噪声 RMS 优于 0.1mm/s,对流层折射误差修正对多普勒测速数据残差的影响达到 0.1~2.4mm/s,影响量级大于测量数据噪声,同样需要进行对流层折射误差修正,残差结果如图 3-14 所示。

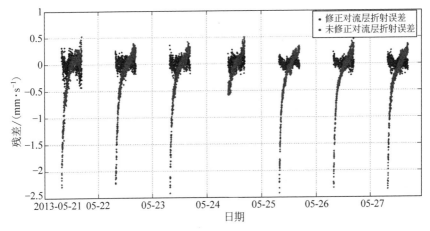

图 3-14　利用事后精密轨道计算的积分多普勒数据残差(后附彩图)

3.3.2 差分干涉测量

航天器干涉测量技术的基本原理来源于天文和空间大地测量领域中广泛应用的 VLBI 技术(见图 3-15)。通过测量航天器下行信号,得到航天器到两个地面测站之间的距离差,能够获取更高精度的角位置信息,弥补了测距、多普勒测速数据仅包含测站-探测器视向信息的不足,有利于解决探测器轨道倾角较小情况下定轨参数求解的奇异性问题。目前,用于月球探测器差分干涉测量的模式包括传统的 VLBI 和 DOR 模式。二者在观测量定义、信号处理和模型解析方面具有差异。VLBI 时延测量量的定义是同一信号波前到达两个地面站的精确光行时之差;DOR 时延测量量的定义是两个地面站在同一时刻接收到的航天器在不同时刻发射的下行信号的精确光行时之差。因此在迭代求解光行时时,需要采用不同的计算方式。

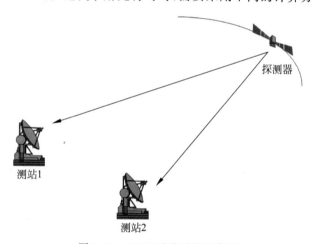

图 3-15 VLBI 干涉测量示意图

VLBI 时延测量模型:
$$\text{Delay}_{\text{VLBI}} = [\rho_{23}^{\text{主}} - \rho_{23}^{\text{副}}]/c = (\text{UTC}_3^{\text{主}} - \tau_2) - (\text{UTC}_3^{\text{副}} - \tau_2)$$
$$= \text{UTC}_3^{\text{主}} - \text{UTC}_3^{\text{副}} \tag{3-35}$$

DOR 时延测量模型:
$$\text{Delay}_{\text{DOR}} = [\rho_{23}^{\text{主}} - \rho_{23}^{\text{副}}]/c = (\text{UTC}_3 - \tau_2)^{\text{主}} - (\text{UTC}_3 - \tau_2)^{\text{副}}$$
$$= (\text{UTC}_3 - \text{TDB}_2)^{\text{主}} - (\text{UTC}_3 - \text{TDB}_2)^{\text{副}} +$$
$$[(\text{TDB}_2 - \tau_2)^{\text{主}} - (\text{TDB}_2 - \tau_2)^{\text{副}}] \tag{3-36}$$

其中,上角标"主"和"副"分别表示主站和副站,下角标"2"和"3"分别表示探测器发信号和测站收信号时刻,τ 为探测器时钟的绝对时。式(3-35)计算过程中,主站 UTC_3 为已知的接收信号时标。在 VLBI 时延测量模型中,副站 UTC_3 可以通过光行时迭代求解;在 DOR 时延测量模型中,副站 UTC_3 可以通过主副站间的钟差计算。TDB_2 需要根据探测器的轨道状态矢量迭代求解。DOR 时延测量模型中第 3 项(即 TDB_2 和 τ_2 的差)是一个小量,约为 10^{-13} s。

时延观测量中还包括多种误差,例如电离层和对流层的传播延迟误差、测站钟误差、基线误差、观测仪器的延迟误差等。为了校准这些误差,采用差分模式,两个测站交替观测探测器和距离探测器角距很小(通常小于10°)的参考射电源,将参考射电源和探测器测量量做差分,从而消除共同的系统性误差并部分消除电离层和对流层的传播延迟误差,提高测量精度。我国历次月球探测任务均采用地基测距/测速+VLBI 测量的综合测轨模式,根据"嫦娥"系列卫星实测数据分析结果,X 频段时延精度达到 1ns,时延率精度达到 1ps/s。下面同样以 VEX 的实测数据为例,给出差分干涉测量数据的残差计算结果。

根据 ESOC 跟踪计划,CEB 和澳大利亚新诺舍(New Norcia,NNO)两站每个月对 VEX 探测器进行 1 次差分干涉测量,用于解算金星的历表。2013 年 5 月 24 日,CEB-NNO 基线对 VEX 探测器的 DOR 测量获取了 2 个数据,前后对射电源的 VLBI 测量获取了 4 个数据。本书采用 IERS 协议(2010)中的算法,计算 CEB-NNO 基线的射电源时延值的残差约为 −15ns。基于事后精密轨道计算的 DOR 时延数据的残差约为 −14ns,如表 3-7 所示。由此计算射电源-探测器-射电源模式下的 ΔDOR 时延残差约为 1.1ns。可见,ΔDOR 时延残差小于 DOR 时延残差,测量精度提高一个量级。

表 3-7 CEB-NNO 基线的 DOR 和 ΔDOR 时延测量残差

目标	测量时标	DOR 时延残差/ns	ΔDOR 时延残差/ns
射电源	2013-5-24 7:48:33.000	−15.8348	
VEX	2013-5-24 7:59:03.011	−14.3724	1.0877
射电源	2013-5-24 8:10:33.000	−15.0498	
射电源	2013-5-24 8:19:32.900	−15.5730	
VEX	2013-5-24 8:30:03.010	−14.2017	1.0879
射电源	2013-5-24 8:41:33.000	−14.9794	

3.3.3 同波束干涉测量

同波束干涉测量(SBI)技术是差分甚长基线干涉测量(ΔVLBI)技术的一种衍生,是指当两个探测器在角度上非常接近时,可在一个地面天线的同一主波束内被观测,使用两个深空天线同时对两个探测器进行观测,即可生成差分干涉观测量。由于 SBI 测量量能够精确确定两个探测器在天平面内的相对位置信息,故可以用于双目标相对定位。图 3-16 为对月面着陆器与巡视器进行 SBI 测量的原理图。

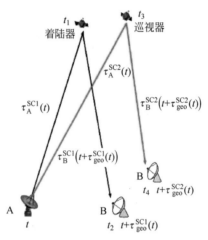

图 3-16 月面着陆器-巡视器同波束干涉测量示意图

假设着陆器发射信号的时刻为 t_1,地面站 A、B 接收到着陆器信号的时刻分别为 t、t_2。将 t 时刻 A 站接收到着陆器 t_1 时刻发射信号的光行时记为 $\tau_A^{SC1}(t)$,着陆器到 A、B 站的几何时延记为 $\tau_{geo}^{SC1}(t)$,则着陆器 t_1 时刻发射的信号到达 B 站的时刻为 $t_2 = t + \tau_{geo}^{SC1}(t)$,那么可以将信号从着陆器到 B 站的光行时记为 $\tau_B^{SC1}(t + \tau_{geo}^{SC1}(t))$。同时,假设在太阳系质心天球参考系中,任意时刻 t,着陆器和巡视器的位置矢量分别为 $\boldsymbol{R}_{SC1}(t)$ 和 $\boldsymbol{R}_{SC2}(t)$,A、B 站的位置矢量分别为 $\boldsymbol{R}_A(t)$ 和 $\boldsymbol{R}_B(t)$。

着陆器 t_1 时刻发射信号到 A 站、B 站的光行时可以表示为:

$$\begin{cases} \tau_A^{SC1}(t) = |\boldsymbol{R}_A(t) - \boldsymbol{R}_{SC1}(t - \tau_A^{SC1}(t))|/c \\ \tau_B^{SC1}(t + \tau_{geo}^{SC1}) = |\boldsymbol{R}_B(t + \tau_{geo}^{SC1}) - \boldsymbol{R}_{SC1}(t - \tau_A^{SC1}(t))|/c \end{cases} \quad (3-37)$$

着陆器 t_1 时刻发射信号到达 A、B 站的几何时延可以表示为:

$$\tau_{geo}^{SC1}(t) = \tau_B^{SC1}(t + \tau_{geo}^{SC1}(t)) - \tau_A^{SC1}(t)$$

$$= |\boldsymbol{R}_\mathrm{B}(t + \tau_\mathrm{geo}^\mathrm{SC1}(t)) - \boldsymbol{R}_\mathrm{SC1}(t - \tau_\mathrm{A}^\mathrm{SC1}(t))|/c -$$
$$|\boldsymbol{R}_\mathrm{A}(t) - \boldsymbol{R}_\mathrm{SC1}(t - \tau_\mathrm{A}^\mathrm{SC1}(t))|/c \tag{3-38}$$

同理,假设巡视器发射信号的时刻为 t_3,地面 A、B 站接收到巡视器信号的时刻分别为 t、t_4。将 t 时刻 A 站接收到巡视器 t_3 时刻发射信号的光行时表示为 $\tau_\mathrm{A}^\mathrm{SC2}(t)$,巡视器到 A、B 站的几何时延记为 $\tau_\mathrm{geo}^\mathrm{SC2}(t)$,则巡视器 t_3 时刻发射的信号到 B 站的时刻为 $t_4 = t + \tau_\mathrm{geo}^\mathrm{SC2}(t)$,那么巡视器 t_3 时刻发射的信号到 B 站的光行时可记为 $\tau_\mathrm{B}^\mathrm{SC2}(t + \tau_\mathrm{geo}^\mathrm{SC2}(t))$。由此,巡视器 t_3 时刻发射的信号到达两测站的几何时延可以表示为:

$$\tau_\mathrm{geo}^\mathrm{SC2}(t) = \tau_\mathrm{B}^\mathrm{SC2}(t + \tau_\mathrm{geo}^\mathrm{SC2}(t)) - \tau_\mathrm{A}^\mathrm{SC2}(t)$$
$$= |\boldsymbol{R}_\mathrm{B}(t + \tau_\mathrm{geo}^\mathrm{SC2}(t)) - \boldsymbol{R}_\mathrm{SC2}(t - \tau_\mathrm{A}^\mathrm{SC2}(t))|/c -$$
$$|\boldsymbol{R}_\mathrm{A}(t) - \boldsymbol{R}_\mathrm{SC2}(t - \tau_\mathrm{A}^\mathrm{SC2}(t))|/c \tag{3-39}$$

因此,A、B 两地面站对着陆器-巡视器的 SBI 差分时延测量模型可以表示为:

$$\tau_\mathrm{A-B}^\mathrm{SC2-SC1}(t) = \tau_\mathrm{geo}^\mathrm{SC2}(t) - \tau_\mathrm{geo}^\mathrm{SC1}(t)$$
$$= [\tau_\mathrm{B}^\mathrm{SC2}(t + \tau_\mathrm{geo}^\mathrm{SC2}(t)) - \tau_\mathrm{A}^\mathrm{SC2}(t)] -$$
$$[\tau_\mathrm{B}^\mathrm{SC1}(t + \tau_\mathrm{geo}^\mathrm{SC1}(t)) - \tau_\mathrm{A}^\mathrm{SC1}(t)]$$
$$= [|\boldsymbol{R}_\mathrm{B}(t + \tau_\mathrm{geo}^\mathrm{SC2}(t)) - \boldsymbol{R}_\mathrm{SC2}(t - \tau_\mathrm{A}^\mathrm{SC2}(t))| -$$
$$|\boldsymbol{R}_\mathrm{A}(t) - \boldsymbol{R}_\mathrm{SC2}(t - \tau_\mathrm{A}^\mathrm{SC2}(t))|]/c -$$
$$[|\boldsymbol{R}_\mathrm{B}(t + \tau_\mathrm{geo}^\mathrm{SC1}(t)) - \boldsymbol{R}_\mathrm{SC1}(t - \tau_\mathrm{A}^\mathrm{SC1}(t))| -$$
$$|\boldsymbol{R}_\mathrm{A}(t) - \boldsymbol{R}_\mathrm{SC1}(t - \tau_\mathrm{A}^\mathrm{SC1}(t))|]/c$$
$$= [|\boldsymbol{R}_\mathrm{B}(t + \tau_\mathrm{geo}^\mathrm{SC2}(t)) - (\boldsymbol{R}_\mathrm{SC1}(t - \tau_\mathrm{A}^\mathrm{SC2}(t)) -$$
$$\delta\boldsymbol{R}(t - \tau_\mathrm{A}^\mathrm{SC2}(t)))| - |\boldsymbol{R}_\mathrm{A}(t) -$$
$$(\boldsymbol{R}_\mathrm{SC1}(t - \tau_\mathrm{A}^\mathrm{SC2}(t)) - \delta\boldsymbol{R}(t - \tau_\mathrm{A}^\mathrm{SC2}(t)))|]/c -$$
$$[|\boldsymbol{R}_\mathrm{B}(t + \tau_\mathrm{geo}^\mathrm{SC1}(t)) - \boldsymbol{R}_\mathrm{SC1}(t - \tau_\mathrm{A}^\mathrm{SC1}(t))| -$$
$$|\boldsymbol{R}_\mathrm{A}(t) - \boldsymbol{R}_\mathrm{SC1}(t - \tau_\mathrm{A}^\mathrm{SC1}(t))|]/c \tag{3-40}$$

其中,$\delta\boldsymbol{R}$ 为着陆器-巡视器在太阳系质心天球参考系中的相对位置矢量。可见 SBI 差分时延测量量包含双目标相对位置信息,若固定着陆器位置,则利用该测量量可以解算其相对位置。

采用上述 SBI 时延测量模型计算 CE-3 实测的着陆器与巡视器 SBI 测量数据(群时延测量)残差,测量数据为 2013 年 12 月 15—24 日的 11 个弧段。结果表明,SBI时延数据随机差约为1ns,系统差约为2ns。

3.4 本章小结

本章分析了月球探测器轨道动力学模型,重点研究了不同月球重力场模型对环月轨道定轨预报精度的影响。研究结果表明:对于轨道高度低于100km的环月倾斜轨道(倾角≤45°),探测器精密定轨适合采用GRAIL重力场模型;对于轨道高度≥100km的环月极轨探测器,采用LP165P、SGM150和GRAIL重力场模型均可。本章详细给出了GNSS测量模型和地基测量模型,包括各类测量量的计算公式和误差修正方法等,对CE-2、CE-3、GRACE和VEX等各类航天器不同类型的实测数据进行残差分析,结果验证了模型实现的正确性和有效性。

参考文献

[1] 刘林,王歆.月球探测器轨道力学[M].北京:国防工业出版社,2006.
[2] 黄勇,李培佳,胡小工.VLBI月球定轨和月面定位技术及其应用[J].深空探测学报(中英文),2020,7(4):26-32.
[3] 黄勇,昌胜骐,李培佳,等."嫦娥三号"月球探测器的轨道确定和月面定位[J].科学通报,2014,59(23):2268-2277.
[4] 刘林,胡松杰,王歆.航天动力学引论[M].南京:南京大学出版社,2006.
[5] FOLKNER W M, WILLIAMS J G, BOGGS D H. The planetary and lunar ephemeris DE 421[J]. IPN Progress Report,2009,42(178):1-34.
[6] 刘林,胡松杰,曹建峰,等.航天器定轨理论与应用[M].北京:电子工业出版社,2015.
[7] 程承,樊敏.月球重力场模型误差对CE-5T1探测器定轨的影响[J].飞行器测控学报,2016,35(3):227-235.
[8] GOOSSENS S, MATSUMOTO K, ROWLANDS D D, et al. Orbit determination of the SELENE satellites using multi-satellite data types and evaluation of SELENE gravity field models[J]. Journal of Geodesy,2011,85:487-504.
[9] KONOPLIV A S, PARK R S, YUAN D N, et al. The JPL lunar gravity field to spherical harmonic degree 660 from the GRAIL primary mission[J]. Journal of Geophysical Research:Planets,2013,118(7):1415-1434.
[10] YOU T H, ANTREASIAN P, BROSCHART S, et al. Gravity recovery and interior laboratory mission (GRAIL) orbit determination[J]. International Symposium on Space Flight Dynamics,2012,49(2):390-400.

[11] LI P J, HU X G, HUANG Y, et al. Orbit determination for Chang'E-2 lunar probe and evaluation of lunar gravity models[J]. Science China Physics, Mechanics and Astronomy, 2012, 55: 514-522.

[12] 谢钢. GPS原理与接收机设计[M]. 北京：电子工业出版社, 2015.

[13] 王福丽, 成英燕, 韦钺, 等. 利用抗差多项式拟合法探测修复GNSS周跳[J]. 大地测量与地球动力学, 2013, 33(3): 129-132.

[14] BALBACH O, EISSFELLER B, HEIN G W, et al. Tracking GPS above GPS satellite altitude: First results of the GPS experiment on the HEO mission Equator-S[C]//IEEE 1998 Position Location and Navigation Symposium. [S.l.]: IEEE, 1996: 243-249.

[15] 李征航, 黄劲松. GPS测量与数据处理[M]. 武汉：武汉大学出版社, 2005.

[16] 陈怡, 刘瀛, 聂磊. 载波相位平滑在GPS伪距提取中的应用[J]. 航天控制, 2011, 29(1): 54-58.

[17] MOYER T D. Formulation for observed and computed values of Deep Space Network data types for navigation[M]. New Jersey: John Wiley & Sons, 2003.

[18] 曹建峰, 黄勇, 胡小工, 等. 深空探测中多普勒的建模与应用[J]. 宇航学报, 2011, 32(7): 1583-1589.

[19] 曹建峰, 黄勇, 刘磊, 等. 深空探测器三程多普勒建模与算法实现[J]. 宇航学报, 2017, 38(3): 304-309.

[20] 淡鹏, 李恒年, 李志军. 应用三向测量数据的深空探测器实时滤波定位算法[J]. 航天器工程, 2015, 24(2): 21-26.

[21] 黄磊, 王宏, 樊敏. 三向测量技术在深空探测中的应用研究[J]. 飞行器测控学报, 2012, 31(3): 6-10.

[22] ULVESTAD J S, THURMAN S W. Orbit-determination performance of Doppler data for interplanetary cruise trajectories part 1: Error analysis methodology[R]. The Telecommunications and Data Acquisition Report, 1992, 42(108): 31-48.

[23] HAMILTON T W, MELBOURNE W G. Information content of a single pass of Doppler data from a distant spacecraft[J]. JPL Space Programs Summary, 1966, 3(37): 18-23.

[24] 黄勇, 胡小工, 曹建峰, 等. 上海天文台火星卫星定轨软件系统[J]. 飞行器测控学报, 2009, 28(6): 83-89.

[25] 刘利生, 赵华, 刘元. 应用标校卫星鉴定测控系统精度方法探讨[J]. 飞行器测控学报, 2014, 33(4): 275-282.

[26] 茆诗松, 吕晓玲. 数理统计学[M]. 北京：中国人民大学出版社, 2011.

第4章
探月轨道的GNSS特征

本章主要围绕探月 GNSS 接收机接收信号的特征分析展开。首先,给出 GNSS 信号特征的物理和数学描述,推导各项特征参数的具体计算公式,并利用实测数据对各特征参数的计算结果进行了验证,从而改进了信号特征分析方法。在此基础上,利用改进的信号特征分析方法分析了月球探测器不同轨道段 GNSS 信号的可见性、动态性和定位精度因子。最后根据研究结果,提出对探月卫星搭载的 GNSS 接收机的设计要求,为 GNSS 应用研究提供具体的量化参数。

对于月球探测器的飞行轨道,可以分 3 个部分进行讨论。对于距地面 3000km 以下的部分,接收机同一时刻能够收到 10 颗以上 GNSS 卫星的信号,而且这些信号到达接收机时的功率电平和几何分布几乎都是一样的,仅是多普勒频移较地面用户要大一些,因此信号特征较为简单。对于距地面 3000~20 000km(约为 GNSS 星座高度)的部分,虽然接收机几何上可见的 GNSS 卫星增多,信号的空间覆盖率提高,精度因子得到改善,但是由于接收机至 GNSS 卫星之间的距离增加且需要利用部分 GNSS 卫星的旁瓣信号,反而导致接收信号的功率电平降低至跟踪门限以下,接收机可见的 GNSS 卫星数减少[1]。而距地面 20 000km 以上的部分,接收机可见的 GNSS 卫星数更少,空间覆盖率也更低,甚至可能存在一段时间内任何 GNSS 卫星都不可见的情况。下面对 GNSS 信号的可见性、动态性和精度因子进行详细分析。

4.1 GNSS 信号可见性分析

本书中关于 GNSS 信号可见性的定义是:GNSS 卫星和接收机之间的视线方向不被天体遮挡(在地月/月地转移段仅考虑地球,在环月段考虑地球和月球)且接收机端的信号功率电平满足信号捕获跟踪门限。根据定义,可见性分析主要考虑两个方面:GNSS 卫星、接收机、地球/月球之间的几何关系和接收信号功率电平是否满足门限[2]。

以 GPS 卫星的 L 频段天线为例,它是一种固定波束,可发射 L1、L2 和 L5 的 3 个频点载波的天线阵,其中心对准地心,主波束半角约为 21.3°,地球遮挡 GPS 信号的半锥角约为 13.9°。因此,高于 GNSS 星座以上的接收机只能收到发射天线主波束边缘约 8°的环形锥内的信号或者利用发射天线旁瓣波束的信号[3],如图 4-1 所示。而在环月轨道或月面上,还需要考虑月球遮挡的半锥角约为 0.24°。下面以地球为例,给出 GNSS 信号不被遮挡的计算条件。

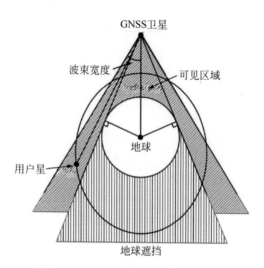

图 4-1　GNSS 卫星几何可见的示意图

在地心天球参考系中,假设 GNSS 卫星和探月卫星的位置矢量分别为 r_{GNSS} 和 r_{sat},发射和接收天线的指向矢量分别为 b_t 和 b_r,那么根据几何关系,可以计算信号发射角 α_t 和接收角 α_r:

$$\alpha_t = \arccos\left(\frac{r_{GNSS} \cdot r_{G,S}}{|r_{GNSS}| \cdot |r_{G,S}|}\right), \quad \alpha_r = \arccos\left(\frac{b_r \cdot r_{G,S}}{|b_r| \cdot |r_{G,S}|}\right) \quad (4\text{-}1)$$

其中,$r_{G,S} = r_{GNSS} - r_{sat}$,$\alpha_t$ 和 α_r 的取值范围为 $[0°, 90°]$,各变量的几何表示如图 4-2 所示。

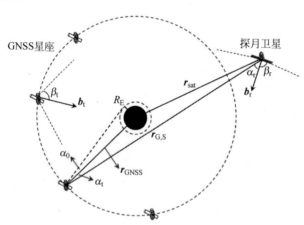

图 4-2　高于 GNSS 星座的接收机对 GNSS 信号几何可见的分析图

由此可见,GNSS 信号相对接收机几何可见的判断条件是:
$$\alpha_t > \alpha_0 \quad 或 \quad |r_{G,S}| \leqslant |r_{GNSS}| \cdot \cos(\alpha_0) \tag{4-2}$$
$$\alpha_t \leqslant \beta_t \quad 且 \quad \alpha_r \leqslant \beta_r \tag{4-3}$$

其中,$\alpha_0 = \arcsin(R_E/|r_{GNSS}|)$;$R_E$ 是地球半径,可以根据情况设置为包含或不包含对流层(100km)、电离层(1000km)的高度。式(4-2)中第二项是针对轨道高度低于 GNSS 星座情况的。r_{GNSS} 和 r_{sat} 可以通过 GNSS 卫星星历和探月卫星星历文件获取。β_t 和 β_r 分别为发射角和接收角的最大范围,取决于发射天线和接收天线设计值,可作为外部参数输入。例如,GPS 卫星发射天线在发射角大于 70°时,其增益方向图没有模型化,因此取 $\beta_t = 70°$;β_r 与接收天线的增益方向图有关,通常取 $\beta_r = 90°$。考虑 GNSS 卫星的 TSV 要求,发射天线的指向矢量 b_t 指向地心,而接收天线指向 b_r 要根据探测器飞行姿态和天线在探测器本体坐标系中的安装位置和指向来确定,早期文献中并未考虑这一点,简化地认为 b_r 和 b_t 一样指向地心,下面详细介绍基于姿态建模的 b_r 计算过程,进而可以计算出信号接收角 α_r。

4.1.1 姿态建模

探测器的姿态是指探测器相对空间参考坐标系的方位和指向。月球探测任务通常要求探测器在空间中保持高精度的指向,即保持姿态。姿态的数学描述是表征卫星本体坐标系和参考坐标系之间相对关系的参数,即姿态参数。常用的姿态参数包括:欧拉角、四元数、罗德里格斯数及修正罗德里格斯参数等。由于探测器的姿态是唯一确定的,所以不同的姿态参数之间可以相互转换[4]。

目前,航天器常用的姿态控制系统主要包括三轴稳定、重力梯度稳定和自旋稳定三类。其中,三轴稳定系统以其控制精度高的特点常用于通信卫星、科学探测卫星、对地观测卫星等;美国的克莱门汀(Clementine)月球探测器就采用这种方式,我国的探月卫星也采用三轴稳定系统。通过对月球探测器遥测数据进行解析,可以得到探测器相对参考坐标系的姿态四元数信息,参考坐标系在地月转移段为地心天球参考系,在环月段为历元月心天球坐标系。本书采用四元数方式计算探测器飞行姿态,具体过程如下。

已知探测器在任意时刻的姿态四元数 q 为:
$$q = \begin{bmatrix} q_1 \\ q_2 \\ q_3 \\ q_4 \end{bmatrix} \tag{4-4}$$

根据四元数姿态矩阵：

$$A(q) = \begin{bmatrix} q_1^2 - q_2^2 - q_3^2 + q_4^2 & 2(q_1q_2 + q_3q_4) & 2(q_1q_3 - q_2q_4) \\ 2(q_1q_2 - q_3q_4) & -q_1^2 + q_2^2 - q_3^2 + q_4^2 & 2(q_2q_3 + q_1q_4) \\ 2(q_1q_3 + q_2q_4) & 2(q_2q_3 - q_1q_4) & -q_1^2 - q_2^2 + q_3^2 + q_4^2 \end{bmatrix}$$

(4-5)

可以求出探测器本体坐标系的坐标轴（单位矢量）在参考坐标系中的指向：

$$\begin{bmatrix} x_{\text{ref}} \\ y_{\text{ref}} \\ z_{\text{ref}} \end{bmatrix} = A^{-1} \begin{bmatrix} x_b \\ y_b \\ z_b \end{bmatrix} \quad (4-6)$$

考虑 GNSS 接收天线在探测器本体坐标系中的指向矢量 $b_{r,b}$，可以给出其在本体坐标系中的表示 $b_{r,b} = r_{bx}x_b + r_{by}y_b + r_{bz}z_b$。根据式(4-6)，可以计算它在参考坐标系中的指向 $b_r = A^{-1} b_{r,b}$。由此，根据式(4-1)可以计算出 $r_{G,S}$ 相对天线指向方向 b_r 的夹角 α_r。此外，还可以根据 GNSS 接收天线相位中心在探测器本体坐标系中的位置修正量进一步精确 α_r 的计算值。

考虑到月球探测器在大部分弧段都保持巡航姿态或对地/对月定向姿态，为了保证地面站能够跟踪探测器，通常会将 2 副测控天线安装在尽量对地的轴向上。例如，CE-5T1 探测器的测控天线就安装在 ±Z 轴向上。为了增加 GNSS 可见星数量，应至少在探测器的测控天线安装面上各安装 1 副 GNSS 接收天线。如果条件允许，还应在其他各轴向安装接收天线，以减少由于某些弧段探测器特定的姿态而导致对 GNSS 卫星不可见的情况，从而增加接收机可视范围，尽量保证导航信号的全向接收。

4.1.2 链路分析

在几何可见前提下，星载 GNSS 接收机能够真正捕获并跟踪到信号还需要满足一个条件：接收信号强度高于接收机捕获跟踪门限。为此，我们要进行信号传播链路分析。信号传播过程分为 GNSS 卫星发射、信号传播和终端接收 3 个部分，即链路计算需要考虑发射天线增益、发射功率和 GNSS 卫星到探测器的距离以及接收机的接收功率、接收增益等，如图 4-3 所示。接收机天线接收到的信号功率（单位为 dBW）为：

$$P_R = \text{EIRP} + L_T + \text{FSL} + G_R \quad (4-7)$$

其中，EIRP 是等效全向辐射功率(effective isotropic radiated power)，是发射机功率 P_T 和发射天线参考增益的和。对于 GPS 卫星，为了保证地面用户接到 L1 C/A 码信号的最低功率不低于 -160dBW,则最低发射 EIRP 值为 26.8dBW。实际上,GPS 卫星在设计时留有最高可能达到 7dB 的余量,不过不同卫星的发射功率电平并不相同,因此本书在仿真时仍取该值为 26.8dBW。对于 BDS 系统的 GEO 和 IGSO 卫星,EIRP 值为 30.7dBW; MEO 卫星的 EIRP 值为 27.1dBW。实际发射功率是 EIRP 和信号发射方向衰减 L_T(或增益 G_T)的和。

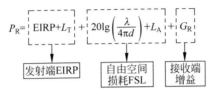

图 4-3 GNSS 信号传播链路计算图

FSL 是自由空间损耗,与信号传播距离 d 和信号波长 λ 有关。例如,GPS 卫星 L1 载波波长为 19.04cm。具体计算公式为:

$$L_D = 20\lg\left(\frac{\lambda}{4\pi d}\right) \tag{4-8}$$

通常对于 LEO,$L_D \approx -183\text{dB}$;对于 GEO,$L_D \approx -194\text{dB}$。对于月球探测器,该值将会更低。此外,FSL 还包括大气损耗 L_A,该项对于星载接收机通常可以忽略。G_R 是接收天线增益。

P_R 是表示接收信号绝对强度的物理量,并不能描述信号质量。通常采用与噪声带宽无关的载噪谱密度比(C/N_0,单位为 dB-Hz)来表征接收信号质量,它与接收功率和接收机及天线环境噪声有关。接收机接收到信号的 C/N_0 计算公式为:

$$C/N_0 = P_R - 10\lg(T_{\text{sys}}) + 228.6 + L_{\text{ADC}} \tag{4-9}$$

其中,T_{sys} 是等效系统噪声温度,当天线对地时取 290K;当天线对天时取 180K。228.6 是以分贝形式表示的玻尔兹曼常数,量纲为 dBW/Hz。L_{ADC} 是 A/D 转换后信号量化损耗,仿真取 -3dB。

假设对不同方位角天线增益值相同,则天线的增益方向图能够给出天线各个"切面"内不同方向的信号相对天线中心轴向的仰角所对应的增益值(或衰减值)。式(4-7)中,信号发射方向天线的衰减 L_T(或增益 G_T)和接收方向天线的增益 G_R 分别是信号发射角 α_t 和信号接收角 α_r 所对应的天线增益数值。

实际上,关于 GNSS 发射天线方向图的参考文献较少[5]。Moreau 对基于实测数据的 GPS Block ⅡA 天线的方向图进行建模,给出了 GPS Block ⅡA 天线[0°,70°]范围内的增益方向图[2]。之后,Lorga 等给出了

GPS Block ⅡR 和 ⅡF 天线[0°,70°]范围内的增益方向图[6]。

NASA 通过天线特性实验项目（antenna characterization experiment, ACE）获取了 GPS 卫星在轨发射天线辐射特性,覆盖俯仰角±90°和方位角±180°,如图 4-4 所示。由图 4-4 可知,GPS Block ⅡR 天线旁瓣增益最高, GPS Block ⅡR-M 相对 GPS Block ⅡR 优化提升了主瓣增益、压低了旁瓣增益,GPS Block ⅡF 旁瓣增益相对 GPS Block ⅡR 变低[7]。

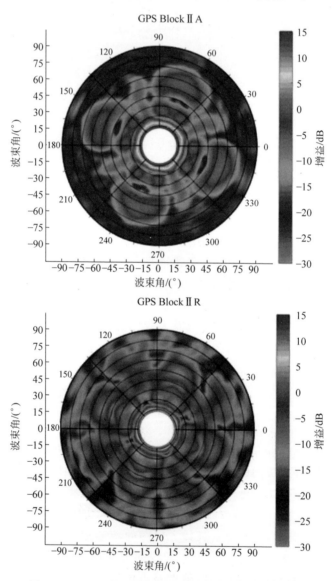

图 4-4　GPS 卫星典型发射天线增益方向图（后附彩图）

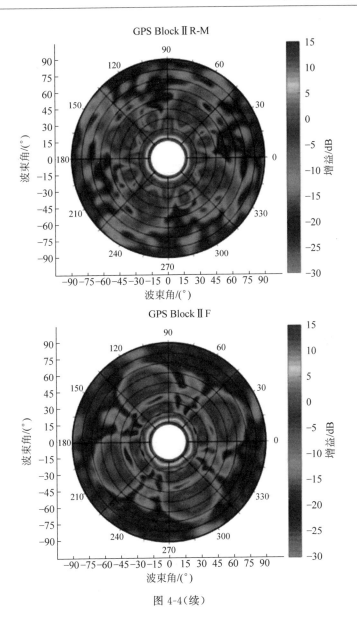

图 4-4(续)

  图 4-5 中，BDS 卫星的天线方向图是基于实测数据建模的，而且 GEO 和 IGSO 卫星的天线方向图可以认为是一样的。采用类比的方法给出了 GLONASS 和 Galileo 卫星的天线方向图。仿真时，发射天线的增益方向图如图 4-5 所示[8]。

  仿真时，接收天线的增益方向图如图 4-6 所示，该图是我国 CE-5T1 探

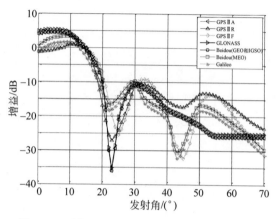

图 4-5 不同 GNSS 系统的发射天线增益方向图

测器上的 GNSS 接收天线方向图的示意图。这是一款高增益天线,在 35°范围内,增益可以达到 5dB 以上,峰值增益为 6.2dB[9]。

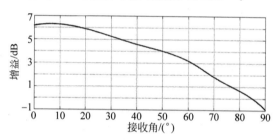

图 4-6 CE-5T1 上 GNSS 接收天线增益方向图

在进行信号特征分析时,首先需要获取发射天线和接收天线的增益方向图,然后根据 4.1.1 节计算出当前时刻接收机相对各个 GNSS 卫星的信号发射角 α_t 和接收角 α_r,最后通过插值计算出对应的增益值。

4.1.3 实测数据验证

在 1.3 节介绍了 CE-5T1 探测器的飞行轨道和飞行过程,其入轨时刻的具体轨道参数[10-11]如表 4-1 所示。

表 4-1 CE-5T1 入轨时的轨道参数

轨道参数	数值	轨道参数	数值
半长轴 a	213 330km	周期	270h
偏心率 e	0.969 121	近地点高度	209km
倾角 i	28.49°	远地点高度	413 694km

CE-5T1探测器首次搭载高动态、高灵敏度的L频段C/A码接收机在地月自由返回轨道上开展了GNSS试验。两幅高增益接收天线分别安装在探测器的±Z轴上,与测控天线距离约1m。在飞行期间,CE-5T1的姿态通常保持测控天线能够对地。该接收机是GPS+GLONASS双模接收机,有24个通道,最多可以同时处理24颗GNSS卫星的信号。当可见星数≥4(单GPS或GLONASS)或≥5(GPS+GLONASS)时,能够实时进行导航定位。原始测量数据包括码相位、载波相位、多普勒和信噪比等。接收机的有关技术参数[12]如表4-2所示。接收天线的安装位置如图4-7所示。

表4-2 CE-5T1搭载接收机的主要技术参数

项目	说明
频率	GPS L1/GLONASS L1
通道数	24
灵敏度门限	捕获:29dB-Hz;跟踪:26dB-Hz
晶振的稳定度	1×10^{-6}
测量数据类型	接收机位置、速度和钟差
	伪距、多普勒、载波相位和信噪比
数据率	1s
接收灵敏度(前端)	−180dBW
等效噪声带宽(用于将接收机输出的原始信噪比测量量转换为C/N_0)	100Hz
尺寸	250mm(长)×198mm(宽)×190mm(高)
质量	7.5kg

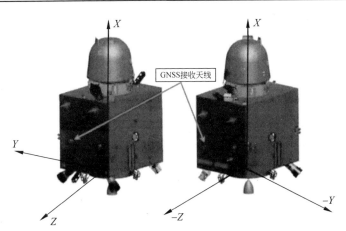

图4-7 CE-5T1上GNSS接收天线安装位置示意图

在 CE-5T1 任务期间，星载 GNSS 接收机分别于地月转移初期和月地转移后期各开机 1 次并获取测量数据，具体弧段分别为 2014 年 10 月 23 日 18:56—21:53 和 10 月 31 日 18:55—21:56，弧段内飞行试验器到地心的距离变化范围为 10 000~60 000km。在地心天球参考系中，GNSS 卫星与 CE-5T1 探测器之间的二维位置关系如图 4-8 所示。

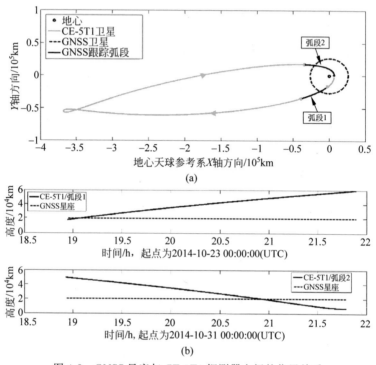

图 4-8　GNSS 星座与 CE-5T1 探测器之间的位置关系
（a）地心天球参考系中的位置关系；（b）弧段 1 和弧段 2 分别对应的地心距离

在弧段 1 中，GNSS 接收机最先捕获的是 GPS 卫星信号，利用安装在 $+Z$ 轴（对天）方向的天线捕获了 PRN 17 卫星的信号，利用 $-Z$ 轴（对地）方向的天线捕获了 PRN 14 卫星的信号。信号捕获 21s 后，接收机利用 4 颗 GPS 卫星（PRN 11/14/17/32）的伪距数据解算出第一组实时导航定位结果。又经过 36s，接收机捕获第一颗 GLONASS 卫星信号（PRN♯1）。

在弧段 2 中，GNSS 接收机最先捕获的是 GLONASS 卫星信号，其利用安装在 $+Z$ 轴方向的天线捕获了 PRN♯10 卫星的信号。信号捕获 71s 后，接收机捕获到第一颗 GPS 卫星的信号（PRN 12）。又经过 1h，接收机利用 2 个 GPS 卫星（PRN 21/29）和 3 个 GLONASS 卫星（PRN♯10/11/20）的伪距数据解算出第一组实时导航定位结果。

对试验中获取的实测数据进行处理分析,结果表明在地心距离 10 000~60 000km 范围内,两个弧段的 GPS 卫星和 GLONSS 卫星的平均可见数量分别为 8.4 和 4.3,而且 98% 的测量数据对应的 GPS 可见星个数达到 4 颗以上,如图 4-9 所示。GPS 可见星数多于 GLONASS,可见星数量和探测器的地心距离之间并未呈现明显的线性关系。

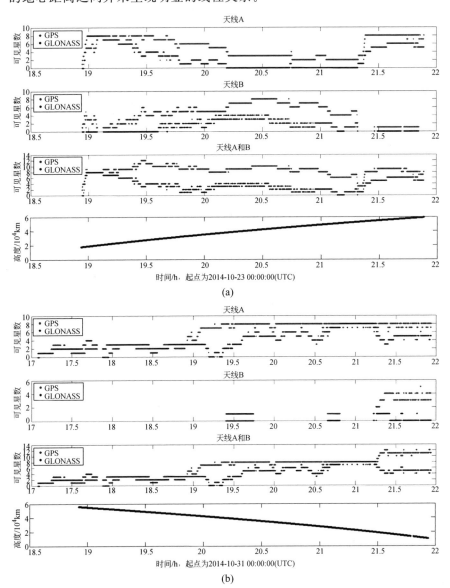

图 4-9　CE-5T1 探测器上接收机可见的 GPS 和 GLONASS 卫星数(后附彩图)
(a) 弧段 1;(b) 弧段 2

在弧段 1 中，$+Z$ 轴(图 4-9 中天线 A)和 $-Z$ 轴(图 4-9 中天线 B)两副天线可见导航卫星的数量变化趋势相反，这是由于 CE-5T1 探测器在该弧段保持 $+X$ 轴对日定向姿态，同一时刻 $\pm Z$ 轴中只有 1 个轴朝向地球方向。在该弧段中，GPS 可见星数变化较小，即使在 CE-5T1 探测器飞过 GPS 星座的高度前后，可见星数也没有明显变化。但是 GLONASS 可见星数在探测器飞过 GLONASS 星座的高度前后数量明显减少，而当探测器高度达到 47 536km 以后，可见的 GLONASS 卫星个数又明显增加。

在弧段 2 中，由于 CE-5T1 探测器始终保持 $+Z$ 轴对地指向，因此天线 A 可见星数明显多于天线 B。当 CE-5T1 探测器高度降到 49 530km 以后，可见 GNSS 卫星个数明显增加，而当探测器飞过 GNSS 星座的高度前后，可见 GPS 卫星数量增加，GLONASS 卫星数量减少。在两个弧段中，单个 GPS 卫星连续跟踪最长可达 2.5h，单个 GLONASS 卫星可达 2h。

利用这些实测数据来验证信号特征分析方法的计算结果。首先，输入条件的设置尽可能与实测数据情况相同：GPS 卫星基准轨道和钟差采用标准产品(standard product #3,SP3)格式精密星历结果，通常由 IGS、国际 GNSS 监测评估系统(international GNSS monitoring and assessment system,iGMAS)和地壳动力学数据信息系统(crustal dynamics data information system, CDDIS)等的网站公开发布，精度和时效性如表 4-3 和表 4-4 所示；接收机的位置和速度根据 CE-5T1 探测器地基测量数据精密定轨结果给出；发射和接收天线增益方向图分别如图 4-5 和图 4-6 所示；CE-5T1 探测器飞行姿态信息由任务中的遥测数据给出。然后，分析给出可见的 GPS 卫星跟踪弧段、测量数据、信号的发射角/接收角和信噪比。考虑到目前得到的 GLONASS 卫星发射天线方向图模型精度比 GPS 卫星低，为了不失一般性，仅对 GPS 卫星的情况进行仿真分析。

表 4-3　IGS 发布的 GPS 卫星轨道和钟差产品信息

类　　型	产品精度		延　迟	更　　新	采样间隔
广播星历	轨道	约 100cm	实时	—	每天
	钟差	5ns			
超快星历(预报部分)	轨道	约 5cm	实时	每天 3:00/9:00/15:00/21:00(UTC)	15min
	钟差	3ns			
超快星历(观测部分)	轨道	约 3cm	3~9h	每天 3:00/9:00/15:00/21:00(UTC)	15min
	钟差	150ps			
快速星历	轨道	约 2.5cm	17~41h	每天通常在 17:00(UTC)	15min
	钟差	75ps			5min
最终精密星历	轨道	约 2.5cm	12~18d	每周通常在周四	15min
	钟差	75ps			30s

表 4-4　iGMAS 发布的 BDS 和 GNSS 卫星轨道和钟差产品信息

类型	产品精度		延迟	更新	采样间隔
超快星历(预报部分)	MEO/IGSO	约 10cm	实时	6h	15min
	GEO	约 500cm			
	卫星钟	约 5ns			
超快星历(观测部分)	MEO/IGSO	约 5cm	3h	6h	15min
	GEO	约 250cm			
	卫星钟	约 0.2ns			
快速星历	MEO/IGSO	约 5cm	17h	每天	15min
	GEO	约 150cm			
	卫星和测站钟	约 0.1ns			5min
最终精密星历	MEO/IGSO	约 5cm	12d	每周	15min
	GEO	约 100cm			
	卫星和测站钟	约 0.1ns			5min

SP3 格式的精密星历的存储方式为 ASCII 码，内容包括 GNSS 导航卫星的位置、速度和钟差等信息，文件命名规则为"tttwwwwd.sp3a"，其中"ttt"为发布单位缩写，"wwww"为 GPS 周，"d"为周内天(0～6,周日为 0)。图 4-10 给出了 SP3 文件的样例，其具体内容和格式请查询相关网站提供的说明。

```
#aP2002  5  3  0  0  0.00000000      96 d+D     IGS00 FIT AIUB
## 1164 432000.00000000     900.00000000 52397 0.0000000000000
+   26    1  3  4  5  6  7  8  9 10 11 13 14 15 18 20 21 22
+         23 24 25 26 27 28 29 30 31  0  0  0  0  0  0  0  0
+          0  0  0  0  0  0  0  0  0  0  0  0  0  0  0  0  0
+          0  0  0  0  0  0  0  0  0  0  0  0  0  0  0  0  0
+          0  0  0  0  0  0  0  0  0  0  0  0  0  0  0  0  0
++         4  4  4  4  5  4  4  4  4  5  4  4 10  4
++         5  5  4  4  4 10  4  4  0  0  0  0  0  0  0  0  0
++         0  0  0  0  0  0  0  0  0  0  0  0  0  0  0  0  0
++         0  0  0  0  0  0  0  0  0  0  0  0  0  0  0  0  0
++         0  0  0  0  0  0  0  0  0  0  0  0  0  0  0  0  0
%c cc cc ccc ccc cccc cccc cccc cccc ccccc ccccc ccccc ccccc
%c cc cc ccc ccc cccc cccc cccc cccc ccccc ccccc ccccc ccccc
%f  0.0000000  0.000000000  0.00000000000  0.000000000000000
%f  0.0000000  0.000000000  0.00000000000  0.000000000000000
%i    0    0    0    0      0       0       0         0
%i    0    0    0    0      0       0       0         0
/* CENTER FOR ORBIT DETERMINATION IN EUROPE (CODE)
/* FINAL 3-DAY ORBIT FOR SOLUTION F3_02123
/* INCLUDING PRECISE CLOCK INFORMATION
/* CLK ANT Z-OFFSET(M): II&IIA 1.023; IIR 0.000
*  2002  5  3  0  0  0.00000000
P  1 -11332.728476   9856.252634 -21737.487914    227.482542
P  3 -22988.872864 -10295.342551   8577.382745     24.035326
P  4   6762.239495  19737.126501 -16220.296588    147.533069
P  5  21865.814638 -13621.817522  -6198.016702     11.336940
```

图 4-10　SP3 文件样例

比较分析计算结果和实测数据,可得:

1) 分析计算的该段 GPS 卫星的可见星数($C/N_0 \geqslant 24.0$)平均为 7.2,99% 的测量弧段可见星数达到 4 颗以上。

2) 分析计算的不同接收角对应的 C/N_0 和实测数据基本吻合。图 4-11 给出了接收机收到的部分 GNSS 卫星信号的 C/N_0 的值,显示了不同接收角对应的 C/N_0 值,图中实测数据分层现象是由实测数据的记录方式和精度造成的。由于 CE-5T1 探测器在弧段 2 的大部分时间内都保持天线对地指向的姿态,所以大部分接收信号的接收角都在 40°以内,分析计算的 C/N_0 值和实测值变化趋势基本吻合。而当接收角大于 50°时,分析计算的 C/N_0 值和实测值变化趋势不吻合。这反映了接收机天线方向图与实际情况的相符性。

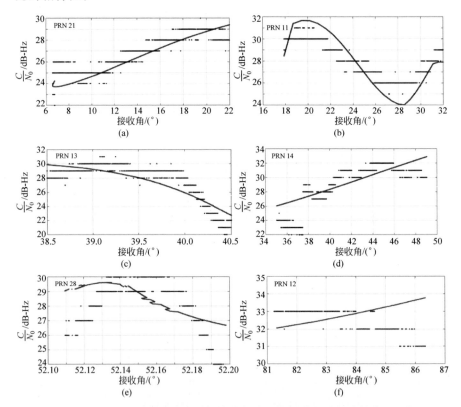

图 4-11　CE-5T1 不同接收角度对应的 C/N_0 实测值与分析计算值的比较
(红色线为计算值,黑色线为实测值;后附彩图)
(a) 22°以下;(b) 32°以下;(c) 40.5°以下;(d) 50°以下;(e) 52°附近;(f) 81°~87°

4.2 GNSS信号动态性分析

GNSS信号的动态是由星载接收机与导航卫星之间的相对运动产生的,描述信号动态特性的物理量包括多普勒频移及其变化率。信号的动态显著影响接收机的捕获与跟踪性能。尤其是对于载噪比低的信号,为了实现信号捕获,需要对接收到的信号进行累加,但若多普勒频移变化过大,接收到的码与本地复制产生的码不能很好地匹配,会导致捕获性能下降[13]。通常采用多普勒补偿的方式提高接收机对弱信号的捕获与跟踪能力。下面计算多普勒频移及其变化率以分析信号的动态特性。

由 GNSS 卫星与月球探测器的位置及速度可计算出相应的多普勒频移及其变化率,具体公式如下:

$$\begin{cases} f_d = -\dfrac{f_T \cdot v_r}{c} = -\dfrac{f_T \cdot (\boldsymbol{v}_{\text{GNSS}} - \boldsymbol{v}_{\text{sat}}) \cdot \boldsymbol{e}_{\text{G,S}}}{c} \\ \dot{f}_d = -\dfrac{f_T \cdot \dot{v}_r}{c} = -\dfrac{f_T}{c}[(\dot{\boldsymbol{v}}_{\text{GNSS}} - \dot{\boldsymbol{v}}_{\text{sat}}) \cdot \boldsymbol{e}_{\text{G,S}} + (\boldsymbol{v}_{\text{GNSS}} - \boldsymbol{v}_{\text{sat}}) \cdot \dot{\boldsymbol{e}}_{\text{G,S}}] \end{cases}$$

(4-10)

其中,f_T 取为 L1 点频的信号发射频率 1575.42×10^6 Hz;$\boldsymbol{v}_{\text{sat}}$ 和 $\boldsymbol{v}_{\text{GNSS}}$ 分别为月球探测器和 GNSS 卫星的速度矢量,$\dot{\boldsymbol{v}}_{\text{sat}}$ 和 $\dot{\boldsymbol{v}}_{\text{GNSS}}$ 分别为对应的加速度矢量;$\boldsymbol{e}_{\text{G,S}} = \boldsymbol{r}_{\text{G,S}}/|\boldsymbol{r}_{\text{G,S}}|$,参考式(4-1),则 $\dot{\boldsymbol{e}}_{\text{G,S}} = \dot{\boldsymbol{r}}_{\text{G,S}}/|\boldsymbol{r}_{\text{G,S}}| = (\boldsymbol{v}_G - \boldsymbol{v}_S)/|\boldsymbol{r}_{\text{G,S}}|$;$c$ 为光速。

通常,地面接收机仅接收主瓣信号,多普勒频率变化范围稳定在 ±4.5kHz,其变化率范围不超过 1Hz/s。而 350km 高度的 LEO 卫星搭载接收机也只需接收主瓣信号,但多普勒频率变化范围相对地面接收机增大,稳定在 ±45kHz,其变化率范围达到 70Hz/s。对于 HEO 卫星星载接收机而言,接收主瓣信号的多普勒频率及其变化率的范围与 LEO 相当,但必须要考虑旁瓣信号,同一时刻收到主瓣和旁瓣信号的多普勒频率差异为 4~10kHz。此外,HEO 卫星星载接收机接收信号的多普勒频率及其变化率与轨道特征相关,在近地点较大,之后逐渐减小并稳定直到远地点。

采用 CE-5T1 任务的实测数据分析 GNSS 信号的多普勒频移特征,计算条件的设置同 4.1.3 节。通过比较可见,分析计算的多普勒值与实测数据变化趋势一致,多普勒值变化范围为[1.8kHz,31.1kHz]。图 4-12 给出了部分 GNSS 卫星(PRN 13 和 PRN 21)相对接收机的多普勒频移。

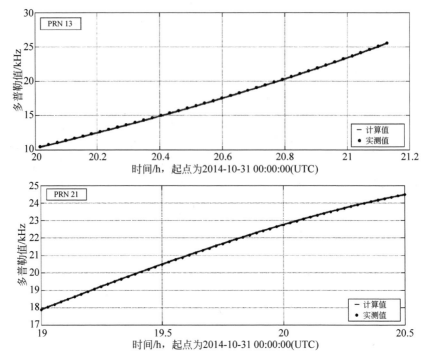

图 4-12 CE-5T1 多普勒频移的实测值与分析计算值的比较

4.3 位置精度因子

通常用位置精度因子(position dilution of precision,PDOP)来考察利用导航卫星可以实现的定位精度。根据伪距观测方程(3-11),第 k 颗 GNSS 卫星至接收机的几何距离 $\tilde{\rho}^k$ 可以表示为:

$$\tilde{\rho}^k = |\boldsymbol{r}_{\text{GNSS}}^k - \boldsymbol{r}_{\text{sat}}| \tag{4-11}$$

对式(4-11)在参考状态 $\boldsymbol{r}_{\text{sat}}^*$ 处做泰勒展开:

$$\tilde{\rho}^k = |\boldsymbol{r}_{\text{GNSS}}^k - \boldsymbol{r}_{\text{sat}}^*| + \frac{(\boldsymbol{r}_{\text{sat}}^* - \boldsymbol{r}_{\text{GNSS}}^k)}{|\boldsymbol{r}_{\text{GNSS}}^k - \boldsymbol{r}_{\text{sat}}^*|} \Delta \boldsymbol{r}_{\text{sat}} \tag{4-12}$$

将式(4-12)代入伪距观测方程(3-11),可得:

$$\frac{(\boldsymbol{r}_{\text{sat}}^* - \boldsymbol{r}_{\text{GNSS}}^k)}{|\boldsymbol{r}_{\text{GNSS}}^k - \boldsymbol{r}_{\text{sat}}^*|} \Delta \boldsymbol{r}_{\text{sat}} + c\delta t = \rho^k - |\boldsymbol{r}_{\text{GNSS}}^k - \boldsymbol{r}_{\text{sat}}^*| +$$

$$c\delta t^k - \delta \rho_{\text{rel}} - \delta \rho_{\text{ant}} - \delta \rho_{\text{ant}}^k \tag{4-13}$$

将式(4-13)展开并简记为:

$$\begin{bmatrix} l^k & m^k & n^k & 1 \end{bmatrix} \begin{bmatrix} \Delta x_{\text{sat}} \\ \Delta y_{\text{sat}} \\ \Delta z_{\text{sat}} \\ \Delta t_{\text{sat}} \end{bmatrix} = \rho^{*k} \qquad (4\text{-}14)$$

其中，$c\delta t$ 记为 Δt_{sat}，ρ^{*k} 为式(4-13)的右端，Δx_{sat}、Δy_{sat} 和 Δz_{sat} 分别为 $\Delta \boldsymbol{r}_{\text{sat}}$ 的分量，l^k、m^k 和 n^k 分别为 Δx_{sat}、Δy_{sat} 和 Δz_{sat} 的系数。

当同一时刻可见的导航卫星数 $p \geqslant 4$ 时，求解式(4-14)，可得：

$$\begin{bmatrix} \Delta x_{\text{sat}} \\ \Delta y_{\text{sat}} \\ \Delta z_{\text{sat}} \\ \Delta t_{\text{sat}} \end{bmatrix} = (\boldsymbol{A}^{\text{T}} \boldsymbol{A})^{-1} \boldsymbol{A} \boldsymbol{\rho}^* \qquad (4\text{-}15)$$

其中，$\boldsymbol{A}$ 为观测矩阵，$\boldsymbol{Q} = (\boldsymbol{A}^{\text{T}} \boldsymbol{A})^{-1}$ 为权系数矩阵，$\boldsymbol{Q}$ 矩阵的元素记为 q_{ij}。

$$\boldsymbol{A} = \begin{bmatrix} l^1 & m^1 & n^1 & 1 \\ l^2 & m^2 & n^2 & 1 \\ \vdots & \vdots & \vdots & \vdots \\ l^p & m^p & n^p & 1 \end{bmatrix}, \quad \boldsymbol{\rho}^* = \begin{bmatrix} \rho^{*1} \\ \rho^{*2} \\ \vdots \\ \rho^{*p} \end{bmatrix}$$

采用待估参数中误差来评估定位精度，常用的精度因子包括：

1）水平分量精度因子（HDOP）：

$$\text{HDOP} = \sqrt{q_{11} + q_{22}} \qquad (4\text{-}16)$$

其中，q_{11} 和 q_{22} 为纬度和经度误差，是权系数矩阵 $\boldsymbol{Q}$ 的对角线元素。

2）垂直分量精度因子（VDOP）：

$$\text{VDOP} = \sqrt{q_{33}} \qquad (4\text{-}17)$$

其中，q_{33} 为高程误差，是权系数矩阵 $\boldsymbol{Q}$ 的对角线元素。

3）三维位置精度因子（PDOP）：

$$\text{PDOP} = \sqrt{q_{11} + q_{22} + q_{33}} \qquad (4\text{-}18)$$

4）钟差精度因子（TDOP）：

$$\text{TDOP} = \sqrt{q_{44}} \qquad (4\text{-}19)$$

其中，q_{44} 为接收机钟误差，是权系数矩阵 $\boldsymbol{Q}$ 的对角线元素。

5）几何精度因子（GDOP）：

$$\text{GDOP} = \sqrt{q_{11} + q_{22} + q_{33} + q_{44}} \qquad (4\text{-}20)$$

由上述表达式可知，矩阵 $\boldsymbol{A}$ 与导航卫星可见星数及可见星相对于星载接收机的几何分布有关。当测量误差确定的情况下，PDOP 值越小，定位误差也越小。对地面接收机来说,PDOP 值大于 10,即认为该值很大,将影响定位精度。而对探月航天器来说,很多情况下可见星数小于 4,而且即使可见星数在 4 颗以上,由于导航卫星和接收机之间的距离很远,导航卫星的几何分布相对较差,其 PDOP 值将远大于地面接收机的 PDOP 值。

采用 CE-5T1 任务的实测数据来分析验证 PDOP 计算结果。仿真输入条件的设置同 4.1.3 节。通过比较可见,仿真模块计算的 PDOP 值与实测数据变化趋势一致,弧段 1 和弧段 2 的变化范围分别为 [1.2,35.1] 和 [1.5,45.2],如图 4-13 所示。

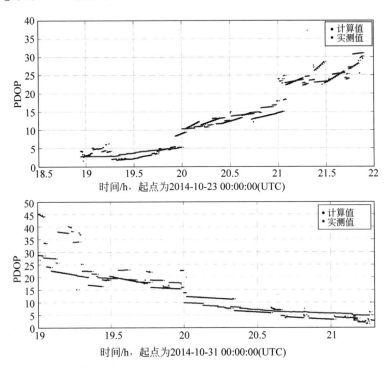

图 4-13　CE-5T1 实测数据两个弧段的 PDOP 值与分析计算值的比较(后附彩图)

4.4　地月转移轨道段分析

根据 4.1 节～4.3 节给出的描述 GNSS 信号特征的参数计算方法,可以计算分析探月轨道的 GNSS 信号特征。利用 CE-5T1 实测数据验证了计算方法的正确性。4.4 节～4.6 节将详细分析我国探月任务各个飞行阶段的 GNSS 信号特征。相关场景根据我国探月任务实际飞行轨道给出,将分析 GNSS 信号接收电平和可见性、动态以及精度因子等,为月球探测器搭载的接收机设计提供参考。

根据 1.3 节对我国月球探测器飞行轨道的概述,月球探测任务包括地球停泊轨道、地月转移轨道、环月轨道、动力下降、月面工作、月面起飞、月球轨道交会对接、月地返回轨道、再入地球等阶段。考虑到地球停泊轨道一般为 LEO 和 HEO,已有的 GNSS 信号分析结果可以作为参考[14]。而再入地球段在 3000km 以下,GNSS 导航应用非常成熟。由于地月转移轨道和月地返回轨道、月面起飞和动力下降这两组互为相反的过程,GNSS 信号特征类似,可以参考相应的分析结果;而月球轨道交会对接是一种特定形式的环月轨道,可以参考环月轨道的分析结果。4.4 节~4.6 节将针对地月转移轨道、环月轨道、动力下降和月面工作段开展具体分析。

4.4.1 轨道特征和仿真场景

首先,根据已经实施的 CE-5T1 任务给出地月转移段的具体轨道参数,如表 4-5 所示。其中,入轨时刻的轨道参数如表 4-1 所示,CE-5T1 探测器在地月转移轨道段实际实施了 2 次中途修正。仿真场景设计中,采用 2 幅高增益接收天线分别安装在测控天线的安装面上,飞行期间至少有 1 副天线能够接收来自地球方向的 GNSS 信号。仿真采用的接收天线的增益取值按分段设置,接收角在 35°以内的增益大于等于 2dB,如表 4-6 所示。其他仿真输入条件与 4.1.3 节相同。

表 4-5 CE-5T1 地月转移段轨道参数

参数	第 1 次中途修正	第 2 次中途修正
历元(UTC)	2014-10-24 08:29:15	2014-10-25 08:24:43
半长轴 a/km	208 060.77	208 357.19
偏心率 e	0.969 51	0.969 60
轨道倾角 i/(°)	28.82	28.70
升交点赤经 Ω/(°)	298.82	298.99
近地点幅角 ω/(°)	143.77	143.57
平近点角 M/(°)	19.48	52.19

表 4-6 仿真采用的接收天线增益设置

接收角度/(°)	增益值/dB	接收角度/(°)	增益值/dB
35~90	0	7~15	8
25~35	2	0~7	10
15~25	3		

此外在仿真时,我国北斗卫星导航系统的基准轨道和钟差采用 SP3 精密星历结果(源自武汉大学发布的解算结果)。由于本次仿真所选弧段正是北斗二号卫星导航系统运行服务的阶段(下文中无特殊说明的 BDS 仅指北斗二号卫星导航系统),因此 BDS 系统精密星历包含 5 GEO+5 IGSO+4 MEO 卫星的解算结果[15]。根据我国北斗卫星导航系统"三步走"的发展规划,2020 年北斗三号卫星导航系统已具备全球服务能力,整个星座由 3 颗 GEO、3 颗 IGSO 和 24 颗 MEO 卫星(还有 3 颗 MEO 备份星)组成,北斗三号正式运行服务后,大幅提升了 GNSS 导航性能。本书也对北斗三号星座进行了仿真,评估其加入对探月接收机接收 GNSS 信号可见性和精度因子的影响。

4.4.2 可见性

考虑地面、高轨卫星和探月卫星上接收机在不同情况下的典型接收信号强度,设置接收机的捕获门限(对应 C/N_0 值)分别为 35dB-Hz、26dB-Hz、21dB-Hz 和 15dB-Hz[16],统计接收机在不同高度可见的 GNSS 卫星个数,如图 4-14 所示。可以看出,在 GNSS 星座高度(对应图 4-14(a)的横坐标约为 19.5)以下,可见星的数量逐渐增加,之后不断减少并稳定,呈现周期性变化,该周期体现的是 GNSS 星座 MEO 周期。显然,随着接收机的捕获门限降低,可见星数增加,在 200 000km 高度以下,门限为 15dB-Hz、21dB-Hz 和 26dB-Hz 的可见星数差异较小,均明显高于门限为 35dB-Hz 的情况。随着高度继续增加,接收机到达月球附近时,门限为 15dB-Hz 和 21dB-Hz 的可见星数差异较小,但明显高于门限为 26dB-Hz 和 35dB-Hz 的情况。因此在地月转移段,接收机载噪比门限设计为 21dB-Hz 是比较合适的选择,而将门限降低到 15dB-Hz 获得的可见星数量的增加幅度较低。

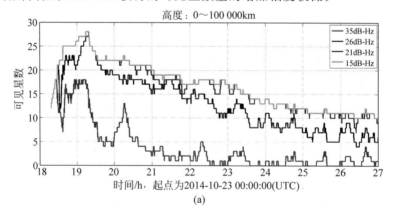

图 4-14 地月转移段不同轨道高度和载噪比门限对应的可见星数(后附彩图)

4.4 地月转移轨道段分析 | 93

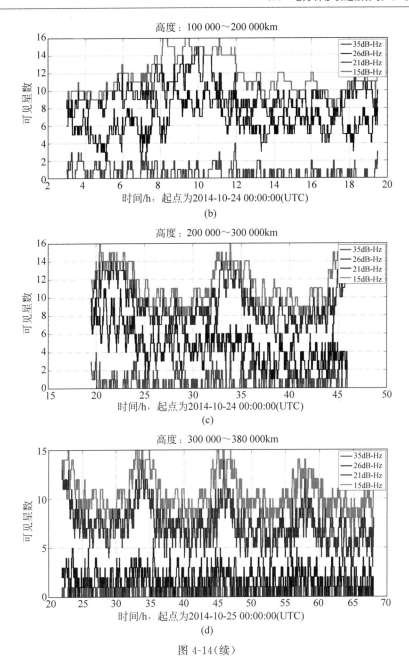

图 4-14(续)

表 4-7 详细统计了不同高度和不同捕获门限下,主瓣和旁瓣信号对应的可见星个数。由此可见,旁瓣信号极大地增加了可见星数量,尤其是在 100 000km 以远的范围,仅利用主瓣信号平均可见星数不足 1;而旁瓣信号

可使可见星数增加至 4～5 颗以上,从而实现实时单点定位。北斗系统的加入增加了可见星数量,最大增幅可达 50%,使对主瓣信号可见的卫星平均数量也达到 1 颗以上,从而提高了 GNSS 导航的可用性和可靠性。

表 4-7　地月转移段主瓣和旁瓣信号对应的可见星数

接收机高度	C/N_0 门限/ (dB-Hz)	平均可见星数 主瓣 GPS	平均可见星数 主瓣 GPS+BDS	平均可见星数 旁瓣 GPS	平均可见星数 旁瓣 GPS+BDS	GPS 可见星数≥4/ %	GPS+BDS 可见星数≥5/ %
100 000km 以下	35	3.75	7.30	5.88	6.68	31.5	33.6
	26	2.06	3.68	11.09	16.15	100.0	100.0
	21	2.11	3.84	14.35	20.78	100.0	100.0
	15	2.11	3.84	14.74	21.74	100.0	100.0
100 000～200 000km	35	1.00	1.00	3.00	3.00	0.0	0.0
	26	0.49	1.00	5.96	7.24	98.2	93.5
	21	0.64	1.01	8.96	11.77	100.0	100.0
	15	0.66	1.03	10.94	15.40	100.0	100.0
200 000～300 000km	35	1.75	2.40	2.25	2.60	0.3	0.1
	26	0.59	1.21	4.92	6.19	66.5	73.3
	21	0.62	1.29	8.68	12.22	100.0	100.0
	15	0.69	1.44	10.71	15.43	100.0	100.0
300 000～380 000km	35	1.27	2.46	2.38	2.50	0.0	0.2
	26	0.55	1.77	3.58	3.85	5.6	12.1
	21	0.46	1.04	6.84	9.55	98.8	98.9
	15	0.55	1.20	9.93	13.91	100.0	100.0

注:表中 BDS 为北斗二号卫星系统,下同。

此外还模拟仿真了加入北斗三号星座的情况。结果表明,利用北斗三号系统将进一步增加可见星的数量,相对 GPS 系统而言,最大增幅可达 100%。

在不同轨道高度范围内查找接收信号 C/N_0 可以达到的最大值,如表 4-8 所示。可见在 200 000km 以内,接收信号 C/N_0 达到最大值时均为接收的主瓣信号;而在 200 000km 以远范围,接收信号 C/N_0 达到最大值时接收到的是旁瓣信号。

表 4-8　地月转移段不同轨道高度范围内接收信号载噪比最大的情况

相关参数	轨道高度 0～100 000km	轨道高度 100 000～200 000km	轨道高度 200 000～300 000km	轨道高度 300 000～380 000km
C/N_0 最大值/(dB-Hz)	61.0	46.7	42.7	39.5
卫星类型	GPS(PRN 21)	GPS(PRN 25)	GPS(PRN 21)	GPS(PRN 5)
距离/km	18 244	139 432	216 629	315 215
发射角/(°)	2.2	16.2	69.2	70.0
接收角/(°)	7.0	3.7	7.0	4.7
接收天线指向	对天	对地	对地	对地

对单颗 GNSS 卫星一个连续跟踪弧段的时长也是接收机设计时需要考虑的参数之一。通常地面接收机可跟踪的单颗 GNSS 卫星弧长可达 6~7h。对于月球探测器搭载的接收机,由于飞行轨道和导航星座之间的空间几何关系变化较大,因此单颗 GNSS 卫星的跟踪时长变化也较大。

图 4-15 比较了不同轨道高度和不同载噪比门限情况下,小于 5min、5~10min、10~60min 和 60min 以上弧段所占的比例。可见,降低载噪比门限是增加单颗星连续可见时长的有效手段,当载噪比门限降低到 21dB-Hz 时,5min 以下较短跟踪弧段的比例降低到 40% 左右。但是随着轨道高度的不断增加,单颗星可见时长达到 60min 以上的弧段所占比例逐渐减小。轨道高度到 380 000km 附近时,降低到 18%。

仿真分析结果表明,加入北斗系统可以增加可见时长 60min 以上的弧段,最大增幅可达 50%。表 4-9 统计了不同情况下单颗 GNSS 卫星最长连续跟踪弧长。可见对于载噪比门限为 21dB-Hz 的情况,在 100 000km 以内可达约 8.5h;在 380 000km 范围内约为 6h。北斗导航系统的加入增加了单颗星最长可见时长,使其在 380 000km 范围内仍然可以达到 8.5h 以上。

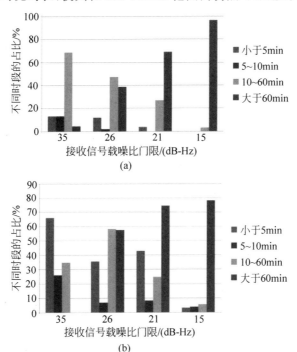

图 4-15 地月转移段不同轨道高度和载噪比门限对应的连续跟踪弧段(后附彩图)
(a) 200~100 000km;(b) 100 000~200 000km;(c) 200 000~300 000km;
(d) 300 000~380 000km

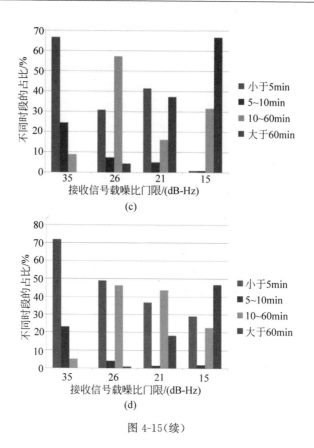

图 4-15（续）

表 4-9 地月转移段不同高度和不同载噪比门限对应的最长连续跟踪弧长

单位：min

C/N_0 门限/(dB-Hz)	100 000km 以下		100 000~200 000km		200 000~300 000km		300 000~380 000km	
	GPS	GPS+BDS	GPS	GPS+BDS	GPS	GPS+BDS	GPS	GPS+BDS
35	134.5	138.3	34.7	34.7	44.6	49.1	16.8	110.7
26	453.6	453.6	211.9	211.9	170.2	170.2	85.1	139.1
21	518.5	518.5	305.6	305.6	278.9	392.7	247.3	353.9
15	518.5	518.5	330.4	536.4	299.3	493.6	295.1	589.9

4.4.3 动态性

地面静态的 GNSS 接收机接收信号的动态主要来自 GNSS 卫星的运动，月球探测器上搭载的 GNSS 接收机接收信号的动态主要取决于探测器和 GNSS 卫星之间的相对运动。对于地月转移轨道段，多普勒频移在

GNSS 星座高度(图 4-16(a))中横坐标约为 19.5)以下变化较大,之后逐渐减小并趋于稳定,最大范围在±50kHz,稳定后范围在-35~10kHz。多普勒频移变化率也依类似规律变化,最大范围在-55~20Hz/s,稳定后范围在-0.2~2.5Hz/s。对于 100 000~380 000km 的阶段,多普勒频移比较稳定,范围在-30~19kHz;其变化率也较稳定,范围在 0.5~2.9Hz/s,如图 4-16 所示。这体现了多普勒频移与接收机速度成正比,在近地点附近,多普勒频移大,接收机需要适应大的动态范围;而随着接收机远离地球,接收信号的动态性降低。

虽然接收信号的动态范围很大,但是在地月转移轨道段,探测器的运动规律可以根据动力学模型进行预报,从而有效地补偿多普勒频移。大多数

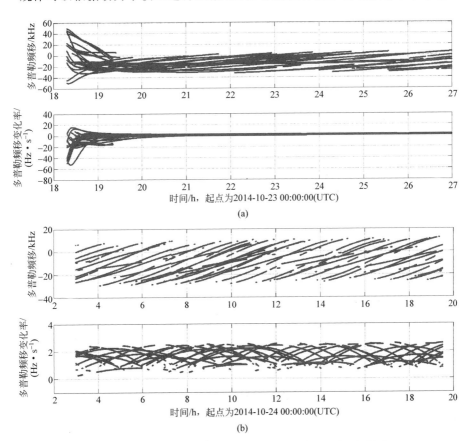

图 4-16　地月转移段可见信号的多普勒频移及其变化率(载噪比门限为 21dB-Hz)
　　(a) 100 000km 以下;(b) 100 000~200 000km;(c) 200 000~300 000km;
　　(d) 300 000~380 000km

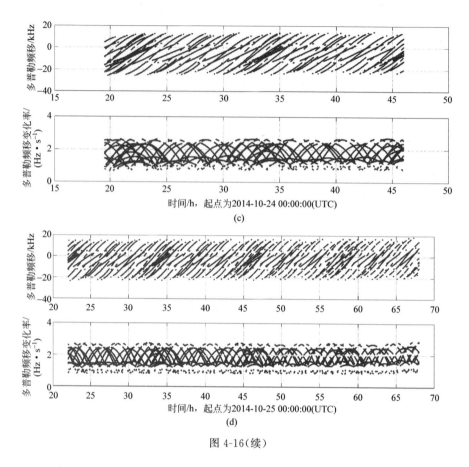

图 4-16(续)

地面 GNSS 接收机在信号捕获算法设计中通常考虑从多普勒频移接近 0 附近的信号开始搜索捕获,但是从图 4-17 中可以看出,在地月转移段,星载接收机的多普勒频移接近 0 时对应的多普勒频移变化率最大,信号很难捕获,因此星载接收机的信号捕获算法设计必须要适应这一点。在 100 000 ~ 380 000km 的阶段,多普勒频移与其变化率之间的关系类似,因此图 4-17(b) 中仅给出 200 000 ~ 300 000km 范围内的关系图。

另外,本节比较分析了主瓣和旁瓣信号动态特性的差异。由图 4-18(a) 可以看出,在 3000km 以下,主瓣信号的动态范围较大,随后不断减小,且小于旁瓣信号的动态范围。在 100 000 ~ 380 000km 的阶段,主瓣信号和旁瓣信号的动态特性类似,通常主瓣和旁瓣信号的多普勒频移差异可达 10 ~ 15kHz。

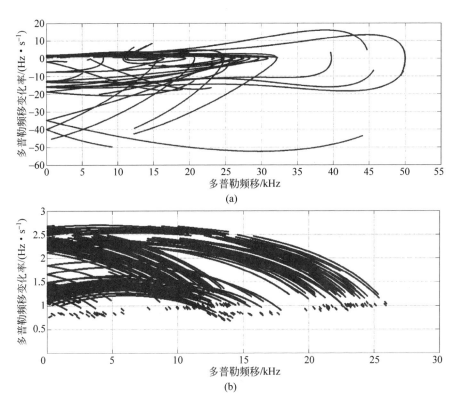

图 4-17 地月转移段多普勒频移和变化率之间的关系(载噪比门限为 21dB-Hz)
(a) 100 000km 以下；(b) 200 000～300 000km

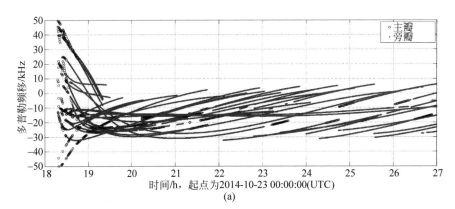

图 4-18 地月转移段主瓣和旁瓣信号多普勒频移比较(载噪比门限为 21dB-Hz)
(a) 100 000km 以下；(b) 100 000～200 000km；(c) 200 000～300 000km；
(d) 300 000～380 000km

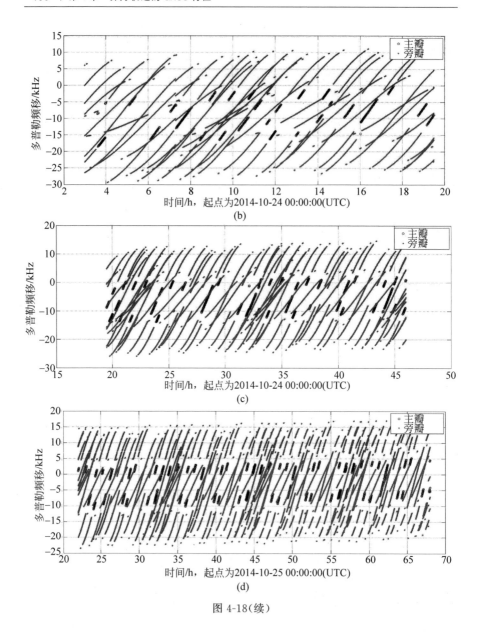

图 4-18(续)

4.4.4 精度因子

对于月球探测器上搭载的 GNSS 接收机而言,由于大部分弧段接收到的 GNSS 信号都来自地球方向,而且探测器到地球的距离在几万至几十万千米,故可见的导航卫星几何分布较差,几何/位置精度因子也急剧增大。

在概算单点定位或运动学几何定位精度时,通常用 PDOP 值乘以测量误差的方差来表征精度。地面接收机 PDOP 达到 8~10 即是较差的情况,而月球探测器搭载的接收机 PDOP 值通常都会达到几百或上千。对于月球探测器而言,分析可见导航卫星的 PDOP 值可以作为精度分析的一项相对比较参数。下面分析地月转移轨道段的 PDOP 值。

图 4-19 给出了不同轨道高度和不同载噪比条件下 PDOP 的变化。可见,载噪比门限降低可以有效降低 PDOP 值。根据表 4-10 和表 4-11 的统计结果发现,如果仅利用 GPS 系统,载噪比门限降低到 15dB-Hz 才能使 300 000~380 000km 的 PDOP 值降低到 655.5(平均值);如果考虑加入 BDS 系统,载噪比门限在 21dB-Hz 时,该段的 PDOP 值即降低到 645.1(平均值)。因此如果探月接收机设计为 GPS+BDS 双模工作模式,载噪比门限的设计值可以选择为 21dB-Hz;而仅考虑 GPS 系统,则门限应降低到 15dB-Hz。

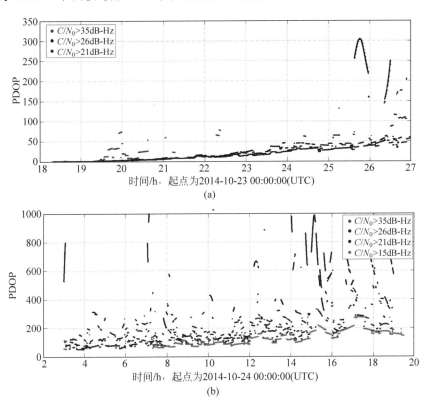

图 4-19 地月转移段不同轨道高度和载噪比对应的精度因子(后附彩图)
(a) 0~100 000km;(b) 100 000~200 000km;(c) 200 000~300 000km;
(d) 300 000~380 000km

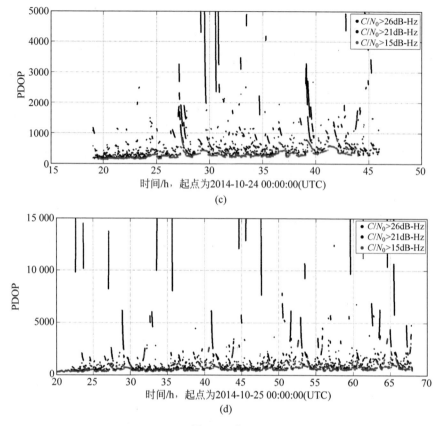

图 4-19(续)

表 4-10 地月转移段不同高度和不同载噪比门限对应 GPS 系统的 PDOP

C/N_0 门限/ (dB-Hz)	0~100 000km			100 000~200 000km		
	最小值	均值	最大值	最小值	均值	最大值
35	0.77	133.5	9850.7	—	—	—
26	0.68	43.4	697.9	54.5	286.2	2591.6
21	0.65	18.3	177.8	51.2	158.8	985.6
15	—	—	—	58.35	132.2	331.4
C/N_0 门限/ (dB-Hz)	200 000~300 000km			300 000~380 000km		
	最小值	均值	最大值	最小值	均值	最大值
26	156.2	1312.9	无意义	467.0	无意义	无意义
21	141.4	441.4	6687.2	306.6	1458.7	无意义
15	131.8	311.9	1510.2	273.4	655.5	3551.0

注1: 100 000km 以内, C/N_0 门限取到 21dB-Hz, PDOP 即有很大改善, 不需要降低门限到 15dB-Hz; 100 000km 以外, C/N_0 门限取 35dB-Hz, PDOP 极大恶化, 不具有参考意义(记为"—", 下同)。

注2: 对于 PDOP 值大于 1.0×10^5 时, 认为不具有参考意义(记为"无意义")。

表 4-11　地月转移段不同高度和不同载噪比门限对应 GPS＋BDS 系统的 PDOP

C/N_0 门限/ (dB-Hz)	0～100 000km			100 000～200 000km		
	最小值	均值	最大值	最小值	均值	最大值
35	0.63	37.7	814.9	—	—	—
26	0.58	28.4	697.9	29.4	209.6	1546.1
21	0.53	10.6	60.2	27.4	82.9	167.4
15	—	—	—	25.9	63.4	105.1
C/N_0 门限/ (dB-Hz)	200 000～300 000km			300 000～380 000km		
	最小值	均值	最大值	最小值	均值	最大值
26	73.7	894.6	无意义	306.9	无意义	无意义
21	68.1	245.1	1713.7	156.5	645.1	3109.6
15	60.3	174.6	569.7	125.8	365.1	2940.8

4.5　环月轨道段分析

CE-3 探测器环月轨道为典型的低高度极轨道（月表地形地貌勘察任务通常采用此类轨道），而 CE-5T1 探测器拓展任务的环月轨道是为提前验证 CE-5 任务月球轨道交会对接测定轨精度而设计的，这两类轨道都具有非常重要的参考意义。因此选取 CE-3 和 CE-5T1 的轨道作为仿真场景中的环月轨道，如表 4-12 所示。

表 4-12　不同类型环月轨道参数

轨道类型	历元(UTC)	a/km	e	i/(°)	Ω/(°)	ω/(°)	M/(°)
100km×100km	2013-12-06 17:54:00	1835.1410	0.015 422	67.6159	209.5046	294.5029	28.3777
100km×15km	2013-12-10 21:21:00	1795.2808	0.023 151	68.3208	208.6804	0.1211	230.9075
190km×20km	2015-03-04 20:30:00	1837.2888	0.042 923	18.7574	175.4686	106.7507	75.2642
180km×160km	2015-03-05 20:00:00	1911.1028	0.006 295	19.0006	174.5720	148.5944	12.2190
200km×160km	2015-03-06 18:40:00	1924.4470	0.012 315	19.0336	173.4549	115.8639	6.3533
200km×200km	2015-03-07 12:00:00	1947.9689	0.000 634	18.8860	172.5994	174.8052	28.7264

注 1：轨道参数在历元月心天球坐标系中给出，轨道倾角 i 为轨道面相对地球平赤道面的夹角，并非轨道面与月球赤道面的夹角。例如，200km×160km 轨道的轨道面相对月球赤道的倾角约为 43°。

注 2：第 1～2 轨道为 CE-3 轨道、第 3～6 轨道为 CE-5T1 轨道，统称为"交会对接轨道"，下同。

考虑到大部分月球探测器在环月轨道段将采用对月定向姿态以开展科学探测,如果采用仅在探测器本体$\pm Z$轴各安装1副高增益接收天线的方案,将使环月飞行期间很多弧段天线中心的指向和地月连线的夹角在40°以上,接收信号对应的天线增益为0,影响接收信号强度。故应当根据实际任务轨道和飞行姿态,在其他轴向上增加高增益接收天线。本书仿真时,根据CE-3和CE-5T1的飞行轨道,在$\pm X$轴和$+Y$轴向上各增加了1副高增益接收天线。除此之外的其他仿真输入条件与4.4.1节相同。

4.5.1 可见性

根据4.4节关于地月转移轨道段的分析结果,接收机捕获门限(对应C/N_0值)达到21dB-Hz以下时,可以保证在380 000km范围内98.8%以上的弧段接收机可见的GPS卫星数量大于等于4颗或GPS+BDS卫星数量大于等于5颗。因此在环月段仿真时,设置接收机捕获门限为15dB-Hz和21dB-Hz,统计接收机在不同环月轨道可见的GNSS卫星个数,结果如图4-20所示。可见GNSS卫星的数量较稳定,呈现周期性变化,该周期体现的是GNSS星座MEO周期。图4-20显示的弧段中,100km×100km轨道段正好处于探测器对地球通视(face-on)的弧段,因此可见星数曲线是连续的;而100km×15km、190km×20km、180km×160km、200km×160km和200km×200km轨道段处于非通视(edge-on)弧段,因此可见星数每约2h间断1次,与卫星环月轨道周期一致。接收机捕获门限为15dB-Hz时,可见星数明显高于21dB-Hz,因此对于环月接收机载噪比门限的设计而言,降低到15dB-Hz是有必要的。

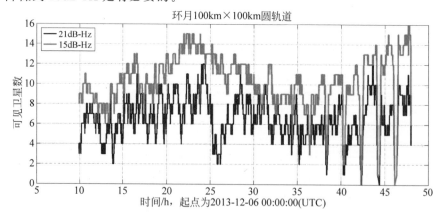

图4-20 不同类型环月轨道不同载噪比门限对应的可见卫星数

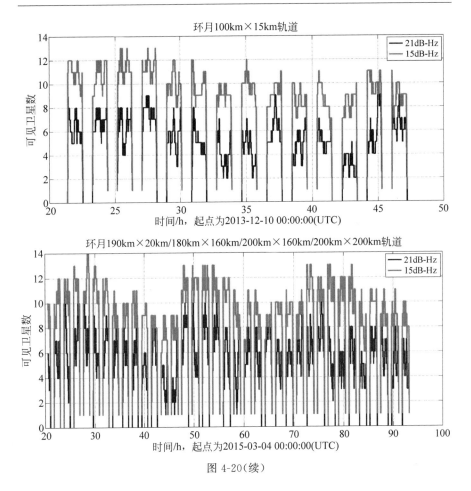

图 4-20（续）

表 4-13 详细统计了环月轨道不同捕获门限下，主瓣和旁瓣信号对应的可见星个数。由于探月接收机对 GNSS 卫星可见性主要受接收机到 GNSS 卫星的距离影响，因此环月段 GNSS 卫星可见性与地月转移段 300 000～380 000km 的分析结果类似，旁瓣信号极大地增加了可见星数量；仅利用主瓣信号，平均可见星数（GPS+BDS）在很多弧段不足 1，而旁瓣信号可使平均可见星数增加至 7 颗以上。同样，仿真分析加入 BDS 系统的情况，发现可见星数将进一步增加，相对 GPS 系统而言，最大增幅可达 100%。

不同环月轨道上接收信号 C/N_0 可以达到的最大值如表 4-14 所示。可见环月段接收信号 C/N_0 的最大值与地月转移段 300 000～380 000km 的计算结果接近。在不同环月轨道上，主瓣和旁瓣信号都有可能是接收信号 C/N_0 达到最大值的信号，因此对旁瓣信号的利用非常重要。

表 4-13　不同类型环月轨道主瓣和旁瓣信号对应的可见星数

轨道类型	C/N_0 门限/(dB-Hz)	平均可见星数 主瓣		平均可见星数 旁瓣		GPS 可见星数≥4/%	GPS+BDS 可见星数≥5/%
		GPS	GPS+BDS	GPS	GPS+BDS		
100km×100km	21	0.29	1.63	6.53	10.93	92.6	98.4
	15	0.45	1.94	10.14	17.31	98.0	98.8
100km×15km	21	0.45	0.50	5.41	8.06	84.7	86.3
	15	0.56	0.63	9.01	13.33	97.9	97.9
交会对接轨道	21	0.24	0.27	5.87	7.08	88.9	90.1
	15	0.32	0.34	9.32	11.24	98.2	98.2

表 4-14　不同类型环月轨道接收信号载噪比最大的情况

相关参数	轨道类型		
	100km×100km	100km×15km	交会对接轨道
C/N_0 最大值/(dB-Hz)	38.3	37.64	37.2
卫星类型	BDS(PRN 06)	GPS(PRN 22)	GPS(PRN 22)
距离/km	404 897	389 573	410 700
发射角/(°)	10.1	68.9	69.2
接收角/(°)	1.2	3.7	3.5

与 4.4.2 节相同,统计对单颗 GNSS 卫星一个连续跟踪弧段的时长,结果如表 4-15 所示。可见对于通视弧段的环月探测器,降低载噪比门限可以增加单颗星连续可见时长,最长可达 10h 以上;加入 BDS 系统也可以增加单颗星连续可见时长,尤其是 IGSO 卫星,最长可达 36h。但是对于环月探测器处于非通视情况时,由于受到月球的遮挡,单颗星最长连续可见时长与卫星轨道周期及被月球遮挡的弧段有关。

表 4-15　不同类型环月轨道不同载噪比门限对应的最长连续跟踪弧长

单位:min

C/N_0 门限/(dB-Hz)	100km×100km		100km×15km		交会对接轨道	
	GPS	GPS+BDS	GPS	GPS+BDS	GPS	GPS+BDS
21	343.0	1448.2	67.2	67.8	84.0	84.0
15	693.3	2172.2	68.0	68.0	84.1	84.1

4.5.2　动态性

对于环月轨道段,多普勒频移比较稳定,呈现与轨道周期一致的周期性变化,范围在 ±22kHz;其变化率的范围在 -9.0~5.0Hz/s,如图 4-21 所示。通常在月球探测器进出月球遮挡的时候多普勒频移及其变率达到最大。

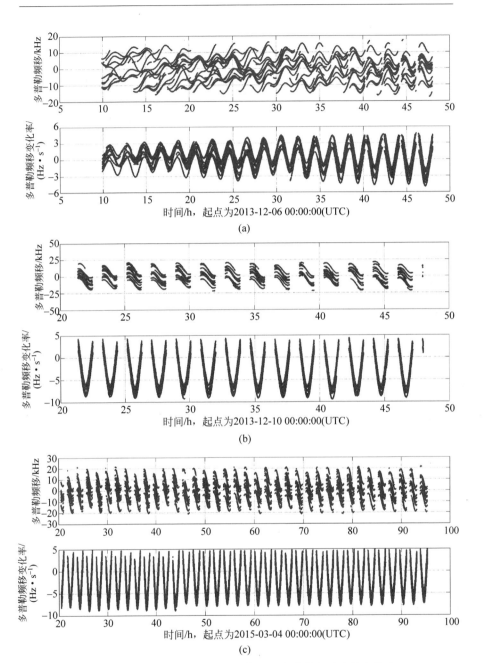

图 4-21　不同类型环月轨道可见信号的多普勒频移及其变化率
（载噪比门限为 15dB·Hz）
(a) 100km×100km 轨道；(b) 100km×15km 轨道；(c) 交会对接轨道

与地月转移轨道段相比,环月段信号多普勒频移的大小范围与地月转移段中后期(100 000km 以远)相当,但是多普勒频移变化率的范围却约为该段的 5 倍。从图 4-22 中可以看出,在环月段,星载接收机的多普勒频移接近 0 时对应的多普勒频移变化率最大,这一点与地月转移段一致。在非通视情况下,不同类型环月轨道的多普勒频移和变化率之间的关系类似(即多普勒频移变化率的范围正负对称),但与通视情况不同(即多普勒频移变化率的范围非正负对称),这与月球遮挡造成 GNSS 信号不可见有关。对于环月段,主瓣和旁瓣信号动态特征的差异与地月转移段中后期类似,通常主瓣和旁瓣信号的多普勒频移差异可达 10~15kHz,如图 4-22 和图 4-23 所示。

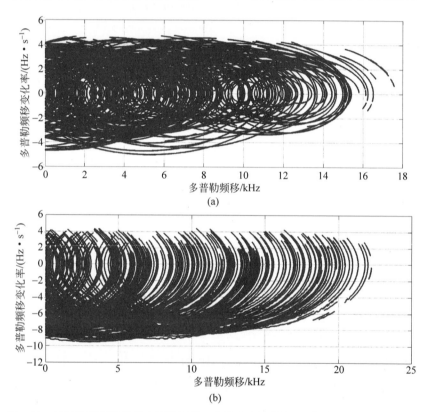

图 4-22　不同类型环月轨道多普勒频移和变化率之间的关系(载噪比门限为 15dB·Hz)
(a) 通视;(b) 非通视

4.5.3　精度因子

下面分析环月轨道段的 PDOP 值。图 4-24 给出了环月轨道不同载噪

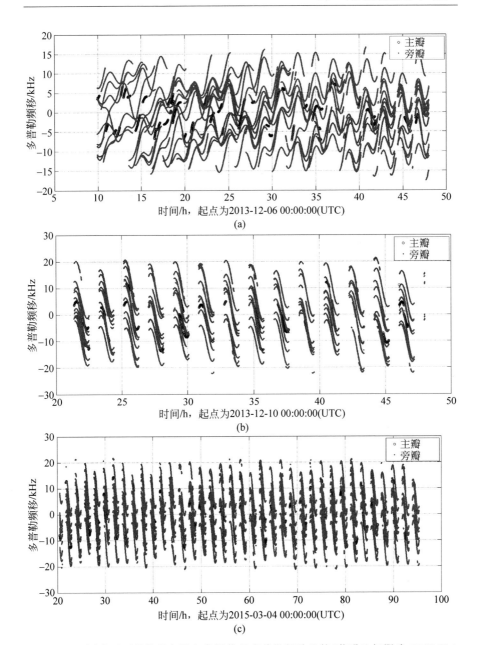

图 4-23 不同类型环月轨道主瓣和旁瓣信号多普勒频移比较(载噪比门限为 15dB-Hz)
(a) 100km×100km 轨道；(b) 100km×15km 轨道；(c) 交会对接轨道

比条件下 PDOP 的变化。可见，载噪比门限降低到 15dB-Hz 可以有效改善 PDOP 值。根据表 4-16 统计结果发现，如果仅利用 GPS 系统，载噪比门限降低到 15dB-Hz,能使 PDOP 值最低达到 757.9(平均值);如果考虑加入 BDS 系统,可使 PDOP 值降低到 287.2(平均值)。因此,探月接收机设计为 GPS+BDS 双模工作模式可以有效地改善位置精度因子并提高导航精度。

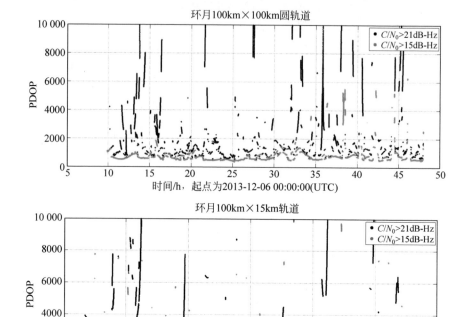

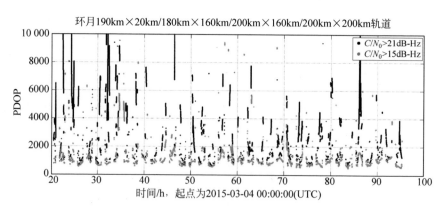

图 4-24 不同类型环月轨道不同载噪比对应的精度因子(后附彩图)

表 4-16 不同类型环月轨道不同载噪比门限对应的 PDOP 平均值

C/N_0 门限/(dB-Hz)	100km×100km		100km×15km		交会对接轨道	
	GPS	GPS+BDS	GPS	GPS+BDS	GPS	GPS+BDS
21	4039.2	1780.5	6614.9	2825.8	无意义	无意义
15	757.9	287.2	983.4	326.7	1161.9	860.9

4.6 动力下降和月面工作段分析

本节采用 CE-3 探测器动力下降段约 12min 的动力飞行轨迹和着陆器的着陆位置进行仿真分析,其中 CE-3 着陆位置的月理坐标为西经 19.5116°,北纬 44.1214°,月面高程为 −2640.0m。仿真场景设计中,仍采用环月段在探测器各轴向安装 1 副高增益接收天线的方案。其他仿真输入条件与 4.4.1 节相同。

仿真分析可见性发现,动力下降段平均可见星数达到 13.7(载噪比门限 $C/N_0 = 15$dB-Hz,采用 GPS+BDS 模式),可见星几乎均为全程可见。动力下降过程中,C/N_0 的最大值可达 26.5dB-Hz,对应的是 GPS 卫星(PRN 26),发射角为 32.0°,接收角为 2.1°,当时接收机到 GPS 卫星的距离约为 418 626km。通过仿真动力下降后 1 个月的月面工作段测量数据可得,平均可见星数达到 10 颗以上($C/N_0 = 15$dB-Hz),可见 5 颗 GPS+BDS 卫星的弧段达到 100%,单颗星最长连续跟踪弧段可达 10~12h(BDS 的 IGSO 卫星最长连续跟踪弧段甚至达到 18h),C/N_0 的最大值可达 38dB-Hz。下面针对动态性和精度因子分别进行比较分析。

4.6.1 动力下降段的动态性和精度因子

相比于地月转移和环月轨道段,探测器在动力下降段始终处于有动力飞行状态,无法精确地预报运动规律来补偿多普勒频移,因此接收机在设计时应充分考虑该段的动态性。对于动力下降段,多普勒频移的变化呈折线形,分层反映的是可见的各个 GNSS 卫星相对着陆器运动产生多普勒频移的差异,整体的起伏主要体现着陆器下降过程中速度的变化,多普勒频移的范围在 −17.0~13.6kHz。多普勒频移变化率在探测器速度发生大的变化时呈现增大趋势,其范围在 −1.4~17.5Hz/s,如图 4-25 所示。

动力下降段信号多普勒频移的大小范围与地月转移段中后期(100 000km 以远)和环月段相当,但是多普勒频移变化率的范围比环月段和地月转移段中后期均要大,且存在突变。从图 4-26 中可以看出,在动力

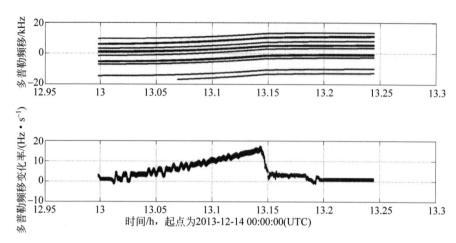

图 4-25 动力下降段可见信号的多普勒频移及变化率(载噪比门限为 15dB-Hz)

下降段,星载接收机的多普勒频移接近 0 时对应的多普勒频移变化率约为 10Hz/s 且并非最大值,这一点与地月转移段和环月段也不一致,原因是动力下降过程中探测器持续受到推力作用,这将影响其速度和加速度的变化。因此,探月接收机的信号捕获算法设计必须要考虑这一点。还有一点需要注意的是,通过仿真数据统计,在动力下降段探测器只能接收到旁瓣信号,无法接收主瓣信号。

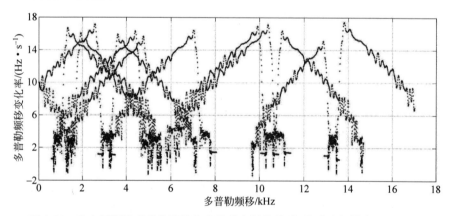

图 4-26 动力下降段多普勒频移和变化率之间的关系(载噪比门限为 15dB-Hz)

此外,本节还分析了动力下降段的 GNSS 位置精度因子。统计结果表明,如果仅利用 GPS 系统,载噪比门限降低到 15dB-Hz 能使 PDOP 值降低到 729.7(平均值);如果考虑加入 BDS 系统,可使 PDOP 值降低到 664.3

(平均值),这与环月轨道段结果相似。

4.6.2 月面工作段的动态性和精度因子

仿真动力下降后 1 个月的着陆器 GNSS 测量数据发现,多普勒频移的变化范围稳定,在±15kHz 之间。多普勒频移变化率相对环月轨道段明显减小且变化范围稳定,在±2.2Hz/s 范围内。图 4-27~图 4-29 给出了动力下降当天和第 2 天接收的 GNSS 信号动态特性。可以看出,在月面工作段,星载接收机的多普勒频移接近 0 时对应的多普勒频移变化率最大,这一点与地月转移段、环月段一致。接收到主瓣和旁瓣信号的多普勒频移差异达 10~15kHz,这与地月转移段中后期、环月段类似。

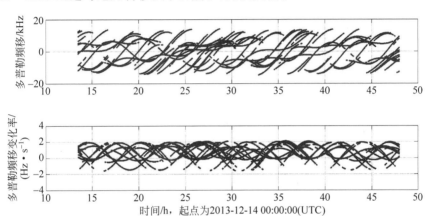

图 4-27 月面工作段可见信号的多普勒频移及变化率(载噪比门限为 15dB-Hz)

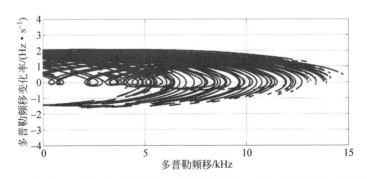

图 4-28 月面工作段多普勒频移和变化率之间的关系(载噪比门限为 15dB-Hz)

此外,本节还分析了月面工作段的 GNSS 位置精度因子。统计结果表明,如果仅利用 GPS 系统,载噪比门限降低到 15dB-Hz 时,PDOP 平均值的

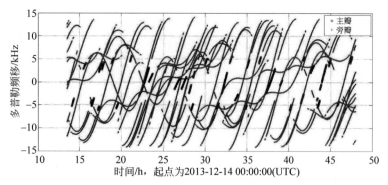

图 4-29 月面工作段主瓣和旁瓣信号多普勒频移比较（载噪比门限为 15dB·Hz）

变化范围为 500～1200；如果考虑加入 BDS 系统，可使 PDOP 值降低 50%～66%。

4.7 对接收机设计的建议和要求

根据 4.4 节～4.6 节的分析结果，给出探月任务使用的 GNSS 接收机在设计方面的几点建议：

1）在探测器不同方向上安装多个高增益接收天线。考虑到探测器在地月/月地转移轨道段通常保持巡航姿态，测控天线随时都可以接收地面站发射的信号，至少应在探测器的测控天线安装面上安装 1 副 GNSS 接收天线；在环月轨道段、动力下降段和月面工作段，探测器的姿态和地月几何关系的变化会使天线指向发生很大变化，还需要在其他轴向安装接收天线，以提高空间覆盖、增加可见星数量。

2）改进捕获跟踪算法以适应高动态性（见表 4-17），能够快速捕获跟踪 C/N_0 低至 15dB·Hz 的信号；改变从多普勒频移接近 0 开始搜索信号的模式，适应多普勒频移为 0 而变化率达到最大的情况。

表 4-17 典型探月任务各轨道段的动态性

轨 道 段	多普勒频移/kHz	多普勒频移变化率/(Hz·s^{-1})
地月转移段初期	±50	±55
地月转移段中后期	±30	±3
环月轨道段	±22	±9
动力下降段	±17	±18
月面工作段	±15	±3

3) 改变选星原则。在传统的根据 GDOP 最小和仰角最高原则基础上，考虑 C/N_0 最大原则；因为对于探月 GNSS 接收机而言，影响信号可见性的主要因素是接收信号的信噪比。

4) 采用 GPS+BDS 双模工作方式。分析结果表明，BDS 系统的加入可以增加可见星数并改善 PDOP 值。

从仿真结果可以看出：仅利用 GNSS 卫星主瓣信号无法实现探月卫星各轨道段的导航，需要利用旁瓣信号；而接收机在同一时刻接收的主瓣信号和旁瓣信号多普勒频移的差异会达到 10~15kHz。在 GPS+BDS 双模情况下，接收信号载噪比门限达到 21dB-Hz 可以满足地月/月地转移轨道段的导航定位需求，进一步降低到 15dB-Hz 可以满足环月轨道段和动力下降以及月面工作段的导航定位需求。

4.8 本章小结

本章针对月球探测器不同轨道段的具体轨道特征，从 GNSS 信号功率电平建模入手，通过在链路计算中补充完善航天器姿态信息，研究了信号的可见性。同时，给出了不同轨道段接收信号的动态特性和精度因子的计算公式，从而给出探月轨道 GNSS 信号特征分析方法，利用 CE-5T1 探测器获取的实测数据验证了计算分析方法的正确性。在此基础上仿真分析了月球探测器不同轨道段 GNSS 信号的可见性、动态性和精度因子。结果表明，加入 BDS 系统可以增加单 GPS 系统的可见星数量和单星可见时长并降低 PDOP 值，从而提高 GNSS 导航的可用性和可靠性；若考虑北斗三号导航系统的加入，还将进一步提升导航性能。最后根据研究结果，提出了对探月卫星搭载的 GNSS 接收机在设计方面需要考虑的关键因素：

1) 采用 GPS+BDS 双模工作模式可以有效提高可见星数量。

2) 根据探测器外形结构，在不同方向上安装多个高增益接收天线。

3) 地月/月地转移轨道段接收信号载噪比门限应达到 21dB-Hz，环月轨道段和动力下降以及月面工作段接收信号载噪比门限应达到 15dB-Hz。

4) 选星原则应首先考虑 C/N_0 最大原则，再补充传统的 GDOP 最小和仰角最高原则。

5) 改进信号捕获跟踪算法以快速捕获多普勒频移范围为 ±50kHz 的高动态信号；适应同一时刻接收不同卫星信号的多普勒频移差异达到 15kHz 的情况；适应多普勒频移为 0 而变化率最大可达到 ±45Hz/s 的情况。

参考文献

[1] RODRIGUEZ F, PALMERINI G B. Lunar transfer missions navigation using GNSS software receivers[C]//International Global Navigation Satellite Systems Society, IGNSS Symposium. [S. l. : s. n.], 2009.

[2] MOREAU M. GPS receiver architecture for autonomous navigation in high Earth orbits[D]. Colorado: University of Colorado, 2001.

[3] CHEN M, ZHAN X, LIU B, et al. GPS transmitting antenna pattern modification for space service volume and its performance evaluation[J]. Journal of Aeronautics, Astronautics and Aviation, 2019, 51(1): 59-73.

[4] 黄晨. 三轴稳定卫星姿态确定与控制系统关键技术研究[D]. 哈尔滨: 哈尔滨工程大学, 2011.

[5] ARENAS S, MONJAS F, MONTESANO A, et al. Performances of GALILEO system navigation antenna for global positioning[C]//Proceedings of the 5th European Conference on Antennas and Propagation (EUCAP). [S. l.]: IEEE, 2011: 1018-1022.

[6] LORGA J M, SILVA P F, DI CINTIO A, et al. GNSS sensor for autonomous orbit determination[C]//Proceedings of the 23rd International Technical Meeting of the Satellite Division of the Institute of Navigation. [S. l. : s. n.], 2010: 2717-2731.

[7] DONALDSON J E, PARKER J J K, MOREAU M C, et al. Characterization of on-orbit GPS transmit antenna patterns for space users[J]. Navigation: Journal of the Institute of Navigation, 2020, 67(2): 411-438.

[8] LIU H, CAO J, CHENG X, et al. The data processing and analysis for the CE-5T1 GNSS experiment[J]. Advances in Space Research, 2017, 59(3): 895-906.

[9] 王盾. 卫星导航技术在嫦娥-5号飞行试验器中的高轨应用验证[R]. 西安: 第六届中国卫星导航学术年会, 2015.

[10] 孟占峰, 高珊, 汪中生, 等. 月地高速再入返回任务轨道设计与飞行评价[J]. 中国科学: 技术科学, 2015, 45(3): 249-256.

[11] 李培佳, 樊敏, 黄勇, 等. CE-5T1探月飞行器地月转移段和环月段的实时定轨[J]. 中国科学: 物理学 力学 天文学, 2017, 47(12): 111-120.

[12] FAN M, HU X G, DONG G, et al. Orbit improvement for Chang'E-5T lunar returning probe with GNSS technique[J]. Advances in Space Research, 2015, 56(11): 2473-2482.

[13] 吴军伟. 高灵敏度GNSS接收机捕获算法研究及FPGA实现[D]. 北京: 北京邮电大学, 2012.

[14] WINTERNITZ L B, BAMFORD W A, PRICE S R, et al. Global positioning system navigation above 76000km for NASA's magnetospheric multiscale mission[J]. Navigation: Journal of the Institute of Navigation, 2017, 64(2): 289-300.

[15] 唐成盼.融合多种观测数据计算北斗导航卫星的高精度广播星历[D].北京：中国科学院大学,2017.

[16] BAMFORD W A,HECKLER G W,HOLT G N,et al. A GPS receiver for lunar missions[C]//Proceedings of the 2008 National Technical Meeting of the Institute of Navigation.[S. l. : s. n.],2008: 268-276.

第5章

基于GNSS的月球探测器精密定轨

本章主要研究基于 GNSS 的精密定轨算法，并详细分析基于 GNSS 测量数据对月球探测器定轨的精度，作为 GNSS 导航性能评估的重要依据。首先，根据 GNSS 数据精密定轨的算法特点，针对 GNSS 精密星历插值、星间差分数据处理和非差数据的递归求解钟差算法等展开研究。其次，建立 GNSS 数据精密定轨算法，并利用 GRACE 卫星、北斗Ⅰ1-S 和 SJ-17 卫星的实测数据验证了精密定轨算法的正确性。通过对 CE-5T1 探测器 GNSS 在轨试验期间的实测数据进行处理，分析了地月/月地转移轨道 GNSS 定轨预报精度。最后，利用第 4 章仿真生成的月球探测器不同轨道段 GNSS 测量数据开展精密定轨，进而评估了典型探月任务的地月转移、环月、动力下降和月面工作等阶段的 GNSS 定轨/定位精度。

5.1 精密定轨算法

目前，利用统计估计方法对月球探测器进行定轨/定位的基本原理和方法非常成熟，主要过程包括：

（1）根据探测器运动规律建立运动方程，利用数值积分方法求解状态方程；

（2）根据测量量的物理意义建立测量方程，通过对测量方程线性化给出条件方程；

（3）通过迭代求解条件方程得到待估状态量（包括探测器轨道参数/位置速度参数和物理参数，如测量系统差、太阳辐射压系数和经验力系数等）的最优估计。

3.1 节中详细给出了月球探测器运动方程和主要摄动力，这些动力学模型中的一些参数值是无法确知的（如太阳辐射压系数、经验力系数等），称为"动力学参数"，写成矢量形式为 $\boldsymbol{P}_d$。在 3.2 节和 3.3 节中给出了 GNSS 测量数据和地基测量数据的测量模型，测量模型中还有一些与运动方程无关却与测量模型有关的参数（如地面站址坐标、测量系统差等），称为"几何参数"，写成矢量形式为 $\boldsymbol{P}_g$。这些参数都需要与探测器位置速度矢量一起估计。因此，将探测器位置速度矢量和 $\boldsymbol{P}_d$、$\boldsymbol{P}_g$ 一起记为状态矢量 $\boldsymbol{X}$，可写为：

$$\boldsymbol{X} = \begin{bmatrix} \boldsymbol{r} \\ \dot{\boldsymbol{r}} \\ \boldsymbol{P}_d \\ \boldsymbol{P}_g \end{bmatrix}$$

则状态方程为：

$$\begin{cases} \dot{\boldsymbol{X}}(t) = \boldsymbol{F} \\ \boldsymbol{X}(t_0) = \boldsymbol{X}_0 \end{cases} \quad (5\text{-}1)$$

其中，$\boldsymbol{F} = \begin{bmatrix} \dot{\boldsymbol{r}} & \boldsymbol{F}_0 + \boldsymbol{F}_\varepsilon & \boldsymbol{0} & \boldsymbol{0} \end{bmatrix}^T$，而 $\dot{\boldsymbol{P}}_d = \dot{\boldsymbol{P}}_g = 0$。通常初值 $\boldsymbol{X}_0$ 可以取为探测器标称轨道或根据已有测量数据定轨预报的轨道以及动力学参数和几何参数的理论设计值或经验值。可见，状态方程是一个初值已知的微分方程，可以通过数值积分方法得到状态方程的解 $\boldsymbol{X}(t) = \boldsymbol{X}(t_0, \boldsymbol{X}_0; t)$。

无论是 GNSS 测量模型还是地基测量模型均为探测器位置速度矢量以及几何参数的函数，因此将测量量和状态矢量 $\boldsymbol{X}$ 之间的函数关系记为 $G(\boldsymbol{X}, t)$，考虑测量噪声 ε，则可以给出测量方程为：

$$Y_i = G(\boldsymbol{X}_i, t_i) + \varepsilon_i \quad (5\text{-}2)$$

其中，Y_i 为 t_i 时刻的测量量，$\boldsymbol{X}_i$ 为 t_i 时刻的状态矢量，ε_i 为 t_i 时刻的测量噪声。

由于式(5-2)中的函数关系为非线性的，所以需要对其线性化。将测量方程在参考状态 $\boldsymbol{X}^*(t_i)$ 处展开，令

$$\begin{cases} y_i = Y_i - G(\boldsymbol{X}_i^*, t_i) \\ \widetilde{\boldsymbol{H}}_i = \dfrac{\partial G}{\partial \boldsymbol{X}} \bigg|_{\boldsymbol{X} = \boldsymbol{X}_i^*} \\ \boldsymbol{H}_i = \widetilde{\boldsymbol{H}}_i \boldsymbol{\Phi}(t_i, t_0) \end{cases} \quad (5\text{-}3)$$

其中，$\boldsymbol{\Phi}(t_i, t_0)$ 为状态转移矩阵，满足微分方程：

$$\begin{cases} \dot{\boldsymbol{\Phi}}(t, t_0) = \boldsymbol{A}(t) \boldsymbol{\Phi}(t_0) \\ \boldsymbol{\Phi}(t, t_0) = \boldsymbol{I} \end{cases} \quad (5\text{-}4)$$

其中，$\boldsymbol{I}$ 为单位矩阵，$\boldsymbol{A} = \dfrac{\partial \boldsymbol{F}}{\partial \boldsymbol{X}} \bigg|_{\boldsymbol{X}^*}$。

由此，线性化后的测量方程为：

$$y_i = \boldsymbol{H}_i \boldsymbol{x}_0 + \varepsilon_i \quad (5\text{-}5)$$

其中，$\boldsymbol{x}_0 = \boldsymbol{X}_0 - \boldsymbol{X}_0^*$。

如令

$$\boldsymbol{y} = \begin{pmatrix} y_1 \\ \vdots \\ y_k \end{pmatrix}, \quad \boldsymbol{H} = \begin{pmatrix} \boldsymbol{H}_1 \\ \vdots \\ \boldsymbol{H}_k \end{pmatrix}, \quad \boldsymbol{\varepsilon} = \begin{pmatrix} \varepsilon_1 \\ \vdots \\ \varepsilon_k \end{pmatrix}$$

其中，k 为测量量的个数。于是，可将所有的测量方程总写为：

$$y = Hx_0 + \varepsilon \tag{5-6}$$

考虑到不同测量量的精度不同，例如载波相位数据的精度通常比伪距数据精度高 2～3 个数量级，因此需要对式(5-6)进行加权。设权系数矩阵为 W，对于相互独立的测量量，该矩阵为对角矩阵，对角线元素为测量噪声方差的倒数。由此，可以将测量方程的法方程写为：

$$(H^T \cdot W \cdot H) \cdot x_0 = H^T \cdot W \cdot y \tag{5-7}$$

建立测量方程后，需要解决的问题是如何确定上述线性系统的最优估计。通常求解这类问题的直接方法是加权最小二乘批处理算法。该算法是用测量弧段内所有测量量求解某一历元时刻状态矢量的"最佳"估值，由于测量数据多且具有统计特性，故解算精度较高。

根据加权最小二乘估计理论，如果已知待估参数 x_0 的先验估计 $\bar{x}_0$ 和先验估计的加权矩阵 $\bar{P}_0$，则批处理算法解算的 x_0 的"最佳"估值 $\hat{x}_0$ 为：

$$\hat{x}_0 = (H^T \cdot W \cdot H + \bar{P}_0^{-1})^{-1}(H^T \cdot W \cdot y + \bar{P}_0^{-1} \cdot \bar{x}_0) \tag{5-8}$$

$\hat{x}_0$ 对应的协方差矩阵为：

$$P_0 = (H^T \cdot W \cdot H + \bar{P}_0^{-1})^{-1} \tag{5-9}$$

待估状态矢量的最优估值 $\hat{X}_0$ 为：

$$\hat{X}_0 = X_0^* + \hat{x}_0 \tag{5-10}$$

可见利用该算法进行精密定轨时，可以同时处理 GNSS 数据和地基测量数据，只是不同的测量类型对应的函数 $G(X, t)$ 不同而已。但是在处理 GNSS 数据时，有两个与地基测量数据不同之处：GNSS 卫星星历处理和接收机钟差解算。下面针对这两点展开具体算法分析，从而建立 GNSS 数据精密定轨算法。

5.2　GNSS 数据精密定轨

利用 GNSS 数据对月球探测器进行精密定轨需要就 GNSS 卫星星历插值、差分观测量解算和递归求解钟差算法展开具体分析。其中，对地球停泊轨道段、地月/月地转移轨道段的测量数据建模在地心天球参考系中实现，环月段、动力下降段和月面工作段的测量数据建模在太阳系质心天球参考系中完成[1]。

5.2.1　GNSS 卫星星历插值算法

在处理地基测量数据时，需要已知地面站测量设备参考点在国际地球参考框架中的坐标,例如通过 VLBI 联测可以得到我国 DSN 测站和 CVN 台站在 ITRF 2008 坐标系中的站址坐标,精度优于厘米量级[2]。然后根据测量模型的需要,通过坐标转换将地面站站址坐标矢量转换到地心天球参考系/历元月心天球坐标系/太阳系质心天球参考系中进行测量量的计算。而对于 GNSS 测量数据,需要已知 GNSS 卫星的星历才能进行测量量的计算。

GNSS 卫星星历有广播星历和精密星历两种,均可提供 GNSS 卫星在地固系中的位置。广播星历包含某一历元时刻的卫星轨道根数和必要的轨道摄动改正项参数以及卫星钟差、电离层和对流层修正参数等信息。广播星历实时播发给用户,每 2h 更新一次。目前各导航卫星系统的广播星历精度均约 1m[3]。用户可以根据广播星历中的参数计算卫星任意时刻的位置、速度等信息。精密星历由 IGS 等国际组织利用全球范围内均匀分布的上百个监测站的伪距/相位数据事后处理,解算得到导航卫星的精密轨道和钟差,每周更新一次。产品文件中数据点的时间间隔为 15min。最终精密星历的精度为:GPS 卫星约为 2.5cm;我国北斗卫星导航系统 IGSO 卫星和 MEO 卫星约为 5cm,GEO 卫星约为 1m[4]。因此在利用 GNSS 测量数据精密定轨时,需要对精密星历进行插值,从而得到测量数据所需时刻的 GNSS 卫星位置信息。

常用的星历插值算法包括:拉格朗日多项式插值、切比雪夫多项式插值、线性逐次 Neville 插值、勒让德多项式插值等[5]。各种算法在具体参数设计和求解方法上有差异,需要通过合理选择插值节点数和插值阶数使插值误差达到毫米量级,从而满足星历插值的计算要求[6]。

在月球探测任务中,经常需要利用连续多天的 GNSS 数据进行精密定轨,对于这种 GNSS 星历弧段较长的情况,待插值点处于弧段中间则插值精度非常高,而弧段两端的插值精度往往较低。为了保证每个待插值点的精度,本书采用滑动切比雪夫多项式插值算法进行 GNSS 精密星历插值,该算法通过不断调整拟合区间使待插值点的位置始终处于插值区间的中间,以此保证较高的计算精度和稳定的计算结果,并能在较短时间内(15min)保证外推星历的误差不会恶化。下面给出具体插值计算流程。

已知第 j 个 GNSS 卫星的精密星历共包含 n 个历元时刻的卫星位置矢量,假设切比雪夫多项式阶数为 N,滑动窗口的节点数为 $m(m \leqslant n)$,需要计算 t 时刻的位置矢量,则

(1) 确定时刻 t 所在的区间序号 L：

$$L = \left[\frac{t - t_0^j}{\Delta t^j}\right] + 1 \tag{5-11}$$

其中，[ ]表示取整，t_0^j 为第 j 个卫星星历的开始时刻，Δt^j 为第 j 个卫星星历的时间间隔。

(2) 根据 L 所在的位置，选择滑动窗口的节点：

若 $L \leqslant [m/2]$，则滑动窗口的节点取为 $i = 1, 2, \cdots, m$；

若 $[m/2] < L < n - [m/2]$，则节点 $i = L - [m/2], \cdots, L, \cdots, L + (m - [m/2] - 1)$；

若 $L \geqslant n - [m/2]$，则滑动窗口的节点取为 $i = n - m + 1, n - m + 2, \cdots, n$。

节点确定后，重新标记为 $t_i^j, i = 1, 2, \cdots, m$。

(3) 计算各节点处的内插因子 τ_i：

$$\tau_i = 2\left(\frac{t_i^j - t_1^j}{t_m^j - t_1^j}\right) - 1 \tag{5-12}$$

(4) 以 τ_i 为自变量计算切比雪夫多项式 $T_{i,k}(\tau_i)$：

$$\begin{cases} T_{i,1}(\tau_i) = 1 \\ T_{i,2}(\tau_i) = \tau_i \\ T_{i,k}(\tau_i) = 2\tau_i T_{i,k-1}(\tau_i) - T_{i,k-2}(\tau_i), \quad k = 3, 4, \cdots, N \end{cases} \tag{5-13}$$

(5) 根据节点处的星历建立误差方程，并利用最小二乘方法求解切比雪夫多项式系数。

由于已知节点处的星历，故可得星历的 x、y、z 分量分别为：

$$\begin{cases} x(\tau_i) = \sum_{k=1}^{N} C_{x,k} T_{i,k}(\tau_i) \\ y(\tau_i) = \sum_{k=1}^{N} C_{y,k} T_{i,k}(\tau_i) \\ z(\tau_i) = \sum_{k=1}^{N} C_{z,k} T_{i,k}(\tau_i) \end{cases} \tag{5-14}$$

以 x 分量为例，建立误差方程（其他分量类同）：

$$\boldsymbol{x} = \boldsymbol{T} \times \boldsymbol{C}_x \tag{5-15}$$

其中，$\boldsymbol{x} = [x(\tau_1) \ \cdots \ x(\tau_m)]^\mathrm{T}$，$\boldsymbol{C}_x = [C_{x,1} \ \cdots \ C_{x,N}]^\mathrm{T}$。

$$\boldsymbol{T} = \begin{bmatrix} T_{1,1}(\tau_1) & \cdots & T_{1,N}(\tau_1) \\ \vdots & \ddots & \vdots \\ T_{m,1}(\tau_m) & \cdots & T_{m,N}(\tau_m) \end{bmatrix}$$

根据最小二乘方法,可以计算出系数 $\boldsymbol{C}_x$ 为:

$$\boldsymbol{C}_x = (\boldsymbol{T}^\mathrm{T}\boldsymbol{T})^{-1}\boldsymbol{T}^\mathrm{T}\boldsymbol{x} \tag{5-16}$$

(6) 计算 t 时刻对应的内插因子 τ 及相应的切比雪夫多项式 $T_k(\tau)$:

$$\tau = 2\left(\frac{t-t_1^j}{t_m^j-t_1^j}\right)-1 \tag{5-17}$$

$$\begin{cases} T_1(\tau) = 1 \\ T_2(\tau) = \tau \\ T_k(\tau) = 2\tau T_{k-1}(\tau) - T_{k-2}(\tau), \quad k=3,4,\cdots,N \end{cases} \tag{5-18}$$

(7) 计算 t 时刻(内插因子 τ)对应星历的 x、y、z 分量分别为:

$$\begin{cases} x(\tau) = \sum_{k=1}^{N} C_{x,k} T_k(\tau) \\ y(\tau) = \sum_{k=1}^{N} C_{y,k} T_k(\tau) \\ z(\tau) = \sum_{k=1}^{N} C_{z,k} T_k(\tau) \end{cases} \tag{5-19}$$

以上是滑动切比雪夫多项式插值算法的计算过程。经过比较分析,采用 9 阶 16 点切比雪夫多项式插值能够使插值星历的精度优于 1mm,满足 GNSS 数据测量量计算需求。

5.2.2 差分观测量的定轨解算

利用 GNSS 伪距/相位数据进行定轨时,需要考虑各种误差源对测量量的影响并进行误差修正。在 3.2.1 节中详细给出了影响伪距/相位测量的误差修正方法,其中,星载接收机钟差的处理可以通过对同一时刻获取的不同 GNSS 卫星观测量进行差分来消除,差分观测量的定义见 3.2.2 节。但是差分处理会使同一历元时刻的差分观测量存在相关性,因此式(5-8)中的权矩阵 $\boldsymbol{W}$ 并非对角矩阵。而传统的定轨算法在进行最小二乘解算时利用权矩阵为对角矩阵的特点,可以采用不必开根号的 GIVENS 变换方法对系数矩阵逐行处理(逐个观测量),减小了矩阵计算量,节省了变量存储空间。

但是对于非差分的伪距/相位测量量,由于其来自不同历元时刻或者不同的 GNSS 卫星,因此是彼此独立的,那么在处理非差测量数据时,式(5-8)中的权矩阵 $\boldsymbol{W}$ 为对角矩阵,写为:

$$W = \begin{bmatrix} W_{n_1,n_1} & 0 & \cdots & 0 \\ 0 & W_{n_2,n_2} & \cdots & 0 \\ \vdots & \vdots & \ddots & \vdots \\ 0 & 0 & \cdots & W_{n_N,n_N} \end{bmatrix} \quad (5\text{-}20)$$

其中,W_{n_i,n_i} 为对角矩阵,对角线元素为 $1/\sigma_k^2, k=1,2,\cdots,n_i$。

对于第 i 个历元时刻的差分测量量可写为:

$$y_i' = \begin{bmatrix} -1 & 1 & 0 & \cdots & 0 \\ -1 & 0 & 1 & \cdots & 0 \\ \vdots & \vdots & \vdots & \ddots & \vdots \\ -1 & 0 & 0 & \cdots & 1 \end{bmatrix} \cdot y_i = C_{n_i-1,n_i} \cdot y_i \quad (5\text{-}21)$$

那么差分测量方程的系数矩阵 $H_i' = C_{n_i-1,n_i} \cdot H_i$,权矩阵可写为:

$$W'_{n_i,n_i} = C_{n_i-1,n_i} \cdot W_{n_i,n_i} \cdot C_{n_i-1,n_i}^{\mathrm{T}}$$

$$= \begin{bmatrix} 1/\sigma_1^2 + 1/\sigma_2^2 & 1/\sigma_1^2 & 1/\sigma_1^2 & \cdots & 1/\sigma_1^2 \\ 1/\sigma_1^2 & 1/\sigma_1^2 + 1/\sigma_3^2 & 1/\sigma_1^2 & \cdots & 1/\sigma_1^2 \\ \vdots & \vdots & \vdots & \ddots & \vdots \\ 1/\sigma_1^2 & 1/\sigma_1^2 & 1/\sigma_1^2 & \cdots & 1/\sigma_1^2 + 1/\sigma_{n_i}^2 \end{bmatrix}$$

$$(5\text{-}22)$$

以分块矩阵的形式将所有观测量的法方程(5-7)系数矩阵表示为:

$$H'^{\mathrm{T}} \cdot W' \cdot H' = \begin{pmatrix} H'^{\mathrm{T}}_{n_1,m} & H'^{\mathrm{T}}_{n_2,m} & \cdots & H'^{\mathrm{T}}_{n_N,m} \end{pmatrix} \cdot$$

$$\begin{pmatrix} W'_{n_1,n_1} & 0 & \cdots & 0 \\ 0 & W'_{n_2,n_2} & \cdots & 0 \\ \vdots & \vdots & \ddots & \vdots \\ 0 & 0 & \cdots & W'_{n_N,n_N} \end{pmatrix} \begin{pmatrix} H'_{n_1,m} \\ H'_{n_2,m} \\ \vdots \\ H'_{n_N,m} \end{pmatrix}$$

$$= \sum_{i=1}^{N} H'^{\mathrm{T}}_{n_i,m} \cdot W'_{n_i,n_i} \cdot H'_{n_i,m} \quad (5\text{-}23)$$

由此可将法方程(5-7)写为:

$$\left(\sum_{i=1}^{N} H'^{\mathrm{T}}_{n_i,m} \cdot W'_{n_i,n_i} \cdot H'_{n_i,m}\right) \cdot x_0 = \sum_{i=1}^{N} H'^{\mathrm{T}}_{n_i,m} \cdot W'_{n_i,n_i} \cdot y_i' \quad (5\text{-}24)$$

求解法方程时,需要从第 1 个历元时刻起累积当前时刻的所有观测量,得到 W'_{n_i,n_i} 和 $H'_{n_i,m}$。然后逐个历元时刻对 $H'^{\mathrm{T}}_{n_i,m} \cdot W'_{n_i,n_i} \cdot H'_{n_i,m}$ 和

$H'^{T}_{n_i,m} \cdot W'_{n_i,n_i} \cdot y'_i$ 分别进行求和处理,再根据最小二乘估计算法得到待估参数 x_0 的最优估值 $\hat{x}_0 = (H'^{T} \cdot W' \cdot H')^{-1}(H'^{T} \cdot W' \cdot y')$。虽然一定程度上增加了运算量,但是对于月球探测器而言,同一时刻的观测量不多于50 个,可以实现批处理定轨运算。因此,在处理星间差分数据时只要考虑到每个历元时刻测量数据的权矩阵的非对角特性,即可实现利用星间差分数据对月球探测器的精密定轨。

5.2.3 递归求解钟差算法

5.2.2 节给出了利用差分观测量进行定轨解算的求解过程,但是随着月球探测器不断远离地球,同一时刻可见的 GNSS 卫星数较少,星间差分会进一步减少观测量,而且接收机钟差信息本身也是需要解算的接收机重要参数之一。考虑到接收机钟差可能存在的随机性变化,定轨时应对接收机钟差进行单历元处理[7]。若单历元钟差参数与其他参数一起估计,需要解算的参数过多;而通过递归算法先将每个历元时刻的钟差参数约化后再进行处理,可以减小法方程大小、降低变量存储空间、加快定轨算法的求解速度。

首先将待估参数分为全局参数和钟差参数两类,全局参数包括探测器轨道矢量、动力学参数和几何参数。即可将测量方程(5-6)中的待估参数写为 $x_{m_0+N} = \begin{bmatrix} x_0 & x_1 & \cdots & x_N \end{bmatrix}^T$,其中 x_0 为 m_0 个全局参数,$x_1, \cdots, x_N$ 为 N 个测量时刻的待估接收机钟差参数。式(5-6)中的系数矩阵可写为:

$$H_{m_0+N} = \begin{bmatrix} H^{10}_{n_1,m_0} & H^{11}_{n_1,1} & 0 & \cdots & 0 \\ H^{20}_{n_2,m_0} & 0 & H^{22}_{n_2,1} & \cdots & 0 \\ \vdots & \vdots & \vdots & \ddots & \vdots \\ H^{N0}_{n_N,m_0} & 0 & 0 & \cdots & H^{NN}_{n_N,1} \end{bmatrix} \quad (5\text{-}25)$$

其中,n_i 为第 i 个历元时刻的测量量个数。那么法方程(5-7)中的 H^T 为 H_{m_0+N} 的转置。

$H^T \cdot W \cdot H =$

$$\begin{bmatrix} \sum_{i=1}^{N} (H^{i0}_{n_i,m_0})^T \cdot w_{n_i,n_i} \cdot H^{i0}_{n_i,m_0} & (H^{10}_{n_1,m_0})^T \cdot w_{n_1,n_1} \cdot H^{11}_{n_1,1} & (H^{20}_{n_2,m_0})^T \cdot w_{n_2,n_2} \cdot H^{22}_{n_2,1} & \cdots & (H^{N0}_{n_N,m_0})^T \cdot w_{n_N,n_N} \cdot H^{NN}_{n_N,1} \\ (H^{11}_{n_1,1})^T \cdot w_{n_1,n_1} \cdot H^{10}_{n_1,m_0} & (H^{11}_{n_1,1})^T \cdot w_{n_1,n_1} \cdot H^{11}_{n_1,1} & 0 & \cdots & 0 \\ \vdots & \vdots & \vdots & \ddots & \vdots \\ (H^{NN}_{n_N,1})^T \cdot w_{n_N,n_N} \cdot H^{N0}_{n_N,m_0} & 0 & 0 & \cdots & (H^{NN}_{n_N,1})^T \cdot w_{n_N,n_N} \cdot H^{NN}_{n_N,1} \end{bmatrix}$$

$$(5\text{-}26)$$

将法方程(5-7)写成分量形式为：

$$\begin{cases} \boldsymbol{A}_{00} \cdot \boldsymbol{x}_0 + \boldsymbol{A}_{01} \cdot \boldsymbol{x}_1 + \boldsymbol{A}_{02} \cdot \boldsymbol{x}_2 + \cdots + \boldsymbol{A}_{0N} \cdot \boldsymbol{x}_N = \sum_{i=1}^{N} (\boldsymbol{H}_{n_i,m_0}^{i0})^{\mathrm{T}} \cdot \boldsymbol{W}_{n_i,n_i} \cdot \boldsymbol{y}_i \\ \boldsymbol{A}_{01}^{\mathrm{T}} \cdot \boldsymbol{x}_0 + \boldsymbol{A}_{11} \cdot \boldsymbol{x}_1 = (\boldsymbol{H}_{n_1,1}^{11})^{\mathrm{T}} \cdot \boldsymbol{W}_{n_1,n_1} \cdot \boldsymbol{y}_1 \\ \vdots \\ \boldsymbol{A}_{0N}^{\mathrm{T}} \cdot \boldsymbol{x}_0 + \boldsymbol{A}_{NN} \cdot \boldsymbol{x}_N = (\boldsymbol{H}_{n_N,1}^{NN})^{\mathrm{T}} \cdot \boldsymbol{W}_{n_N,n_N} \cdot \boldsymbol{y}_N \end{cases}$$

(5-27)

其中，$\boldsymbol{y}_i$ 为第 i 个历元时刻的 n_i 个测量量组成的矢量，$\boldsymbol{A}_{ij}$ 为矩阵 $\boldsymbol{H}^{\mathrm{T}} \cdot \boldsymbol{W} \cdot \boldsymbol{H}$ 的各个元素矩阵。

将方程组(5-27)中的第二个方程写为：

$$x_1 = \boldsymbol{A}_{11}^{-1} \cdot ((\boldsymbol{H}_{n_1,1}^{11})^{\mathrm{T}} \cdot \boldsymbol{W}_{n_1,n_1} \cdot \boldsymbol{y}_1 - \boldsymbol{A}_{01}^{\mathrm{T}} \cdot \boldsymbol{x}_0) \quad (5-28)$$

将其代入方程组(5-27)中的第一个方程，可以消去第一个历元时刻的钟差参数 x_1。同理，可将第 i 个历元时刻的钟差参数 x_i 消去，从而仅剩全局参数的法方程：

$$\boldsymbol{B} \cdot \boldsymbol{x}_0 = \boldsymbol{L} \quad (5-29)$$

利用最小二乘方法求解式(5-29)，即可得到全局参数的最优估值，再代入第一个历元时刻的钟差参数计算公式(5-28)中，则可求解出该历元时刻的接收机钟差。类似地，逐个将全局参数代入每个历元时刻的钟差参数计算公式中，即可求解出所有历元时刻的接收机钟差。

5.3 实测数据验证

根据前述算法，可以实现 GNSS＋地基联合精密定轨。为了验证该算法处理 GNSS 数据的正确性和有效性，本节利用 GRACE 卫星实测数据验证对伪距、载波相位和相位平滑伪距数据处理的正确性，利用北斗Ⅰ1-S 和 SJ-17 卫星的 GNSS 和地基实测数据验证该算法对 HEO 和 GEO 航天器的定轨能力。

5.3.1 GRACE 卫星精密定轨

GRACE 卫星搭载了双频 GPS 接收机，可以获取稳定的双频伪距、相位测量数据，而且 GRACE 卫星的精密定轨技术非常成熟，事后精密星历的精度达到厘米量级，可以为本章的精密定轨算法提供验证。利用双频测量量可以形成无电离层延迟的线性组合测量量，双频伪距 $\rho_{1,2}$ 的测量模型为[8]：

$$\rho_{1,2} = \frac{f_1^2}{f_1^2 - f_2^2}\rho_1 - \frac{f_2^2}{f_1^2 - f_2^2}\rho_2 \tag{5-30}$$

其中，$f_1 = 1575.42\text{MHz}$ 为 GPS L_1 频点的频率；$f_2 = 1227.60\text{MHz}$ 为 GPS L_2 频点的频率；ρ_1 和 ρ_2 分别为 L_1 和 L_2 频点测量的伪距。

类似地，可以给出双频载波相位观测量 $\varphi_{1,2}$ 的测量模型为：

$$\varphi_{1,2} = \frac{f_1^2}{f_1^2 - f_2^2}\varphi_1 - \frac{f_1 f_2}{f_1^2 - f_2^2}\varphi_2 \tag{5-31}$$

其中，φ_1 和 φ_2 分别为 L_1 和 L_2 频点测量的载波相位。若 φ_1 的整周模糊度为 N_1，φ_2 的整周模糊度为 N_2，则 $\varphi_{1,2}$ 的整周模糊度为 $N_{1,2} = \frac{f_1^2}{f_1^2 - f_2^2}N_1 - \frac{f_1 f_2}{f_1^2 - f_2^2}N_2$，不再具有整数特征。

对于载波相位数据，首先利用高次差法和多项式拟合法对数据进行预处理，探测周跳发生的历元，对测量数据按周跳发生点进行弧段划分，然后利用该数据进行定轨，将载波相位数据的模糊度按照实数进行求解。同时还可考虑相位平滑伪距方法，利用高精度载波相位数据降低伪距数据的噪声，从而提高伪距数据定轨精度。

利用 GRACE-A 卫星 2010-01-01 00:00—2010-01-02 00:00 弧段的实测数据进行定轨。考虑到 GRACE 卫星为低轨卫星，动力学模型设置中考虑了地球非球形引力摄动（120×120 阶次的地球引力场模型）、日/月的 N 体引力摄动、大气阻力摄动和太阳辐射压摄动以及经验力摄动（用于修正对轨道有影响但不可精确建模的摄动力）。其中，卫星面质比、大气阻力系数和太阳辐射压系数均采用 GRACE 卫星标称值。对测量数据进行了 GPS 卫星质心至天线相位中心的修正、接收天线相位中心修正和相对论效应修正。GPS 卫星的星历和钟差均采用 IGS 发布的精密星历和钟差产品。

定轨后伪距、载波相位和相位平滑伪距数据的残差 RMS 分别为：0.69m、1.29cm、0.37m。定轨结果与公开发布的 GRACE 卫星精密轨道（位置精度达到厘米量级）进行比较（见图 5-1），利用伪距和载波相位数据定轨位置误差 RMS 为 2.35cm，速度误差 RMS 为 0.06mm/s。

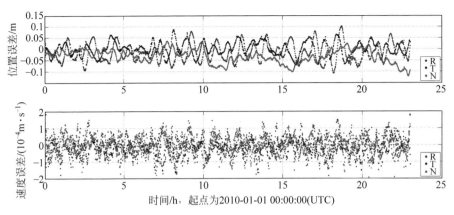

图 5-1 GRACE 卫星精密定轨结果与发布的精密轨道的比较
(图例中 R、T、N 分别表示径向、横向、法向,后附彩图)

5.3.2 HEO 和 GEO 卫星精密定轨

北斗Ⅰ1-S 卫星于 2015-03-30 13:50:00(UTC)发射入轨,约 20min 后第一次变轨结束,之后进入无动力滑行段,约 5h 后实施第二次变轨。在此期间卫星在 210km×36 800km 的 HEO 上飞行,获取了距离地面 5000~22 000km 高度上的导航接收机实测的 GPS+GLONASS 测量数据,具体弧段为 2015-03-30 14:20:00—15:50:00(相关参数如表 5-1 所示)。采用与 5.3.1 节类似的数据处理和定轨策略,伪距测量数据定轨后残差 RMS 约为 2.05m,如图 5-2 所示。GNSS 实时导航星历与伪距数据定轨结果偏差的 RMS 优于 10m。

表 5-1 北斗Ⅰ1-S 卫星轨道参数

半长轴 a/km	偏心率 e	倾角 i/(°)	周期/h	近地点高度/km	远地点高度/km
24 867	0.734 919	54.95	10.84	213	36 763

GNSS 测量数据开始时噪声较大,约 2min 后噪声恢复正常。但是随着卫星远离地球,测量数据质量不断降低,并在距离地面约 15 000km 时,测量数据中断 5min。

2016 年 11 月 3 日,SJ-17 卫星由长征五号运载火箭送入预定轨道。11 月 12 日,SJ-17 卫星成功定点在东经 160°附近,成为一颗 GEO 卫星。采用类似的数据处理和定轨策略,利用 2016-11-17 02:00:00—07:00:00 弧段的

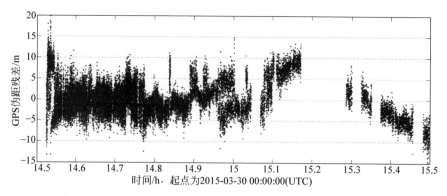

图 5-2　北斗 Ⅰ 1-S 卫星 GNSS 测量数据定轨后残差

GNSS 数据进行定轨。不同类型测量数据的定轨后残差 RMS 结果如表 5-2 所示,伪距数据的定轨后残差较北斗 Ⅰ 1-S 获取的伪距数据定轨后残差大约 1m,这与 SJ-17 卫星轨道比 Ⅰ 1-S 轨道高 14 000km、接收 GNSS 信号弱 3.5dB 有关。利用动力学模型对 GNSS 接收机实时单历元解算结果进行拟合,残差 RMS 为 36.66m(X、Y、Z 各向分别为 17.81m、31.46m 和 6.10m)。将单历元解算星历进行动力学拟合后结果与伪距数据精密定轨结果进行比较,位置误差的 RMS 为 6.62m,速度误差的 RMS 为 0.33mm/s,如图 5-3 所示。

表 5-2　SJ-17 卫星 GNSS 数据定轨后残差统计

数 据 类 型	伪距/m	单频载波相位/cm	相位平滑伪距/m
定轨后残差 RMS	3.34	2.01	1.72

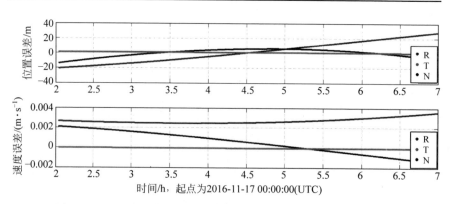

图 5-3　SJ-17 卫星单历元解算星历的动力学拟合和 GNSS 伪距精密定轨结果比较(后附彩图)

对北斗Ⅰ1-S和SJ-17航天器在HEO和GEO获取的GNSS数据进行处理分析,结果表明5.2节的精密定轨算法可以对GNSS数据精密定轨,还可以分析GNSS实时导航结果的精度。

5.4 CE-5T1转移轨道实测数据定轨精度分析

在CE-5T1任务期间,探测器首次在地月自由返回轨道上开展了GNSS导航验证试验。GNSS接收机分别于2014-10-23 18:56—21:53(地月转移)和2014-10-31 18:55—21:56(月地转移)弧段获取到测量数据,接收机到地心的距离变化范围为10 000~60 000km。

5.4.1 GNSS数据定轨分析

考虑到CE-5T1搭载的GNSS接收机采用常温晶振,稳定度约为1×10^{-6},接收机钟约每10min校准1次,不利于精确建模。因此,分别利用星间差分伪距数据消除接收机钟差和递归求解每个历元时刻的接收机钟差两种方法进行实测数据定轨,具体的定轨策略如表5-3所示。两个弧段的GPS差分伪距数据定轨后残差RMS分别为8.1m和5.7m,如图5-4所示。递归求解钟差后GPS非差伪距数据的残差分别为4.9m和4.1m,如图5-5所示。结果表明,利用递归求解钟差算法定轨后的测量数据残差有所降低。这是由于非差伪距测量量的残差反映的是伪距自身的测量噪声,而差分测量量是两个相互独立的非差测量量的线性组合,其噪声应为伪距测量噪声的$\sqrt{2}$倍。

表 5-3 CE-5T1 定轨策略

项 目	模 型	说 明
地球重力场	JGM-3重力场模型	取50×50阶次
N体引力	考虑大天体的质点引力,包括太阳、水星、金星直到冥王星,以及月球等卫星	通过DE 405历表计算大天体位置
太阳辐射压	基于试验器外形和指向的经验模型	有效面积为$26.49m^2$,质量为2450kg,反射系数取1.24
大气阻力	无	飞行试验器高度大于5000km,不考虑大气阻力模型
参考系	地心天球参考系、地心固连坐标系	岁差、章动模型参考IERS 2010规范

续表

项　目	模　型	说　明
状态估计方法	最小二乘批处理	实时定轨时也可采用卡尔曼滤波方法
估计参数	定轨历元时刻的位置、速度	定轨弧段相对轨道周期较短，短弧定轨求解其他模型参数不可靠，故仅估计定轨历元时刻探测器的运动状态矢量

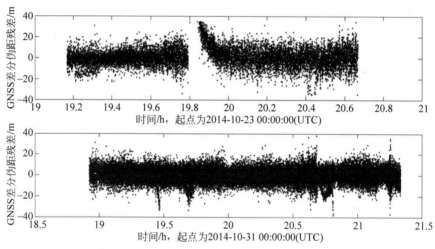

图 5-4　CE-5T1 星间差分伪距数据定轨后残差

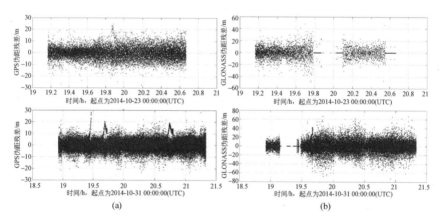

图 5-5　CE-5T1 递归求解钟差后非差伪距数据残差
(a) GPS；(b) GLONASS

此外,GNSS 接收机还获取了 GLONASS 伪距数据,利用递归求解钟差算法定轨,发现 GLONASS 非差伪距数据和 GPS 非差伪距数据之间存在系统性偏差。在弧段 1 中,该偏差为 325.0m;在弧段 2 中,该偏差为 274.0m。扣除系统性偏差,两个弧段的 GLONASS 伪距数据定轨后残差 RMS 分别为 8.1m 和 10.9m,如表 5-4 和图 5-5(b)所示。可见,GLONASS 伪距数据精度较 GPS 略低,这与不同导航卫星系统的发射信号强度和精度有关。

表 5-4　CE-5T1 实测 GNSS 数据定轨后残差统计

单位: m

数据类型	GPS 伪距		GLONASS 伪距		GPS 载波相位		GPS 相位平滑伪距	
	弧段 1	弧段 2	弧段 1	弧段 2	弧段 1	弧段 2	弧段 1	弧段 2
定轨后残差 RMS	4.9	4.1	8.1	10.9	0.17	0.16	2.5	1.9

5.4.2　定轨预报精度分析

考虑到第 1 个 GNSS 跟踪弧段处于地月转移初期,CE-5T1 探测器有多次调姿、喷气动作,对轨道测量和确定有一定影响,不利于精度评估与分析。而第 2 个弧段处于月地转移后期的关键弧段内,CE-5T1 探测器飞行姿态比较稳定,有利于评估 GNSS 测量数据的定轨精度。CE-5T1 的服务舱与返回器在距离地面约 5000km 处实施分离,返回器进入自主再入导航模式。分离点的轨道作为返回器自主导航的初值,其精度直接影响自主导航的结果和着陆点的精度。而第 2 个弧段即在分离点之前,对于分离点的定轨预报有重要作用。因此,本节针对第 2 弧段进行分离点定轨预报精度分析。

通常定轨精度评估有两种方法[9]:①内符合检验法,使用参与定轨的测量数据的拟合后残差 RMS 作为评估依据;②外符合检验法,使用更高度的定轨结果与被鉴定定轨结果的比较作为评估依据。下面选取基准轨道开展外符合精度分析,并利用测量数据残差开展内符合精度分析。

首先确定基准轨道。CE-5T1 飞行试验任务的轨道确定采用传统的地基测定轨系统的测距/测速＋VLBI 干涉测量数据,完成了各次中途轨道修正前的定轨预报(特别是舱器分离点的定轨预报),从而成功地实现了探测器的地基导航。因此,可以利用地基测定轨系统的定轨结果作为基准来分析 GNSS 数据定轨预报精度。

根据 CE-5T1 探测器设计轨道和导航控制策略,原计划于 2014-10-31 17:03 实施最后一次中途修正,之后利用地基测量数据进行定轨并预报分离点。然而在实际飞行过程中,通过计算得出该次轨道修正的速度增量小于设计门限,故取消最后一次轨道中途修正,因此可以选取该次修正前后探测器飞行稳定的测量弧段进行定轨,作为基准轨道。而分离点定轨预报精度分析采用该次修正后至分离点前 1h 的测量弧段进行定轨并预报分离点。表 5-5 给出了确定基准轨道所采用的地基测量数据信息。

表 5-5 CE-5T1 确定基准轨道采用的地基测量数据信息

定轨弧段	数据类型	定轨后残差(RMS)	地基测站
2014-10-31 00:56—21:20(约 21h)	测距	0.66m	青岛、圣地亚哥、玛斯帕拉玛斯(ESA 测控站)、纳米比亚
	测速	1cm/s	
	VLBI 时延	1ns	CVN 的北京、上海、昆明、乌鲁木齐 4 个台站
	VLBI 时延率	0.7ps/s	

需要说明的是,在评估分离点定轨预报精度的弧段无 VLBI 测量数据(CE-5T1 探测器在境外,而进行 VLBI 测量的 CVN 台站均在国境内)。

下面比较不同测量手段定轨预报分离点的精度。利用 GNSS 星间差分伪距数据进行定轨预报服务舱和返回器分离点,具体定轨弧段为 2014-10-31 18:56—20:20(约 1.5h),预报弧段至 21:20,定轨预报结果与基准轨道比较如图 5-6 中三角形线所示,位置误差小于 109m,速度误差小于 0.02m/s。利用地基测量数据(2014-10-31 17:23—20:20,约 3h)进行定轨,预报至 21:20,测量数据包括圣地亚哥、玛斯帕拉玛斯、纳米比亚 3 站的测

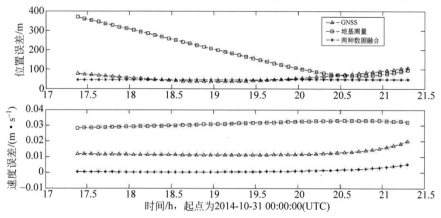

图 5-6 CE-5T1 定轨预报分离点与基准轨道的比较

距/测速数据,定轨预报结果与基准轨道比较如图5-6中方形线所示,由于此弧段内无VLBI测量数据,仅用测距/测速数据定轨精度较低,位置误差可达369m,速度误差约为0.03m/s。

考虑到GNSS星间差分伪距数据包含的轨道信息类似VLBI时延数据,对轨道的径向约束较弱、横向约束较强[10],而地基测距速数据正好对轨道径向约束较强、横向约束较弱;因此融合GNSS星间差分伪距和地基测量两类数据,实现天地基测量数据联合定轨将进一步提高定轨预报精度。融合天地基测量数据定轨预报结果与基准轨道比较如图5-6中星形线所示,位置误差可达47m,速度误差约为0.005m/s。

通过上述分析可以得出:利用1.5h的GNSS星间差分伪距数据定轨并预报1h的位置误差相对利用3h地基测量数据定轨预报1h的位置误差降低了70%,速度误差降低了33%。而融合两类数据定轨可以进一步提高定轨预报精度,相对仅利用地基测量数据定轨预报的情况,位置误差降低了87%,速度误差降低了83%。

考虑到目前没有更高精度的测定轨结果来评估地基长弧基准轨道的绝对精度,下面将分析利用不同测量数据定轨后预报弧段内测量数据的残差,比较不同测量数据对定轨预报精度的影响。

5.4.3 GNSS测量数据残差分析

本节利用预报弧段内轨道和测量数据的符合程度来评估不同测量手段的分离点定轨预报精度,具体结果如图5-7所示。可以得出以下分析结果:

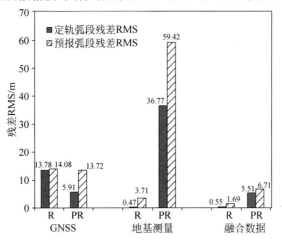

图5-7 CE-5T1不同类型测量数据定轨预报残差的比较
(R表示测距数据,PR表示差分伪距数据)

1）对于 GNSS 星间差分伪距数据，以 GNSS 星间差分伪距数据定轨结果为参考统计的残差 RMS 在预报弧段比定轨弧段增大了约 8m；以地基测距/测速数据定轨结果为参考统计的残差 RMS 在预报弧段比定轨弧段增大了约 23m；而以融合数据定轨结果为参考统计的残差 RMS 在预报弧段比定轨弧段仅增大了约 1m。

2）对于地基测距数据，以 GNSS 星间差分伪距数据定轨结果为参考统计的残差 RMS 在预报弧段比定轨弧段增大了 0.3m；以地基测距/测速数据定轨结果为参考统计的残差 RMS 在预报弧段比定轨弧段增大了约 3m；而以融合数据定轨结果为参考统计的残差 RMS 在预报弧段比定轨弧段增大了约 1m。

由此可见，利用 GNSS 测量数据定轨可以使测量数据预报弧段残差得到明显控制。相对仅利用地基测量数据定轨的情况，利用 GNSS 测量数据定轨时，预报弧段测距和 GNSS 星间差分伪距残差增大的程度分别降低了 90% 和 65%；融合 GNSS 和地基测量数据定轨时，预报弧段测距和 GNSS 星间差分伪距残差增大的程度分别降低了 67% 和 96%。

对上述分析结果进行小结：

1）以地基长弧（21h）定轨结果为基准，利用 1.5h 的 GNSS 星间差分伪距数据定轨预报 1h 的位置误差相对利用 3h 地基测量数据定轨预报 1h 的位置误差降低了 70%。

2）利用 GNSS 测量数据定轨可以使测量数据预报弧段残差得到显著控制，预报弧段测距和 GNSS 星间差分伪距残差的发散程度分别降低了 90% 和 65%。

3）融合天地基测量数据定轨预报相对仅利用地基测量数据定轨预报的位置误差降低了 87%，预报弧段测距和 GNSS 星间差分伪距残差增大的程度分别降低了 67% 和 96%。

5.5 CE-5 转移轨道天地基联合定轨精度分析

"嫦娥五号"任务是我国探月工程"绕、落、回"三步走的收官之战，实现了无人月面采样返回，是复杂度极高、技术跨度极大的航天系统工程，为我国后续载人月球和深空探测奠定了技术基础[11]。在 CE-5 任务中，地基深空测控网和 VLBI 网构成的测定轨系统为探测器提供了高精度轨道测量与导航支持。

根据 CE-5 设计轨道，探测器月地转移最后一次轨道中途修正在返回器与轨道器分离点前 5h 进行。该轨道修正前后直至分离点,探测器均不在国内测控区,无法进行高精度 VLBI 干涉测量。为此需要从测量体制、测量几何、测站布设等方面开展技术攻关,才能实现返回器分离点导航初值的高精度测定[12-13],从而确保返回器成功返回四子王旗预选着陆区。

考虑到 CE-5 探测器也搭载了高性能 GNSS 接收机,可以利用 GNSS 系统为月地返回轨道关键弧段提供导航支持。但实际上在 CE-5 月地返回轨道,GNSS 接收机收到的信号弱、动态范围大,导致测量数据野值增多。同时由于可见星数量少、轨道动力学约束弱,所以实时定轨滤波算法更易受到野值的影响使其收敛性变差[14]。

针对天基和地基测量与导航方法单独用于月地返回轨道测定轨各自存在的难点,在全面分析两类测量技术特点的基础上,设计了地基多站分时接力测量方法,提出了天地基联合导航技术,充分利用了天地基不同测量手段的优势。CE-5 实测数据分析结果表明,该技术有效提高了分离点导航初值的确定精度。由此验证了天地基联合导航技术支持月地返回轨道探测器导航的有效性,可为后续月球和深空探测采样返回任务提供技术支持。

5.5.1 测量与导航体系设计

CE-5 探测器发射、直接进入地月转移轨道后,经 2 次轨道中途修正机动和 2 次近月制动后进入环月圆轨道;环月期间实施了着陆-上升组合体与轨道-返回组合体四器分离,着陆-上升组合体经过 2 次变轨和动力下降飞行,着陆于月球正面吕姆克山脉以北地区($51.8°W$,$43.1°N$)[15]。着陆后,着陆-上升组合体进行了月面表取和钻取采样及封装,工作 48h 后上升器从月面起飞,完成 4 次远程导引和近程导引控制,成功与环月飞行的轨道-返回组合体交会对接。在完成月球样品转移后,上升器与轨道-返回组合体分离并受控离轨,降落在预定落点。轨道-返回组合体经历 6d 环月等待后,经过 2 次月地转移入射机动,成功进入月地转移轨道;飞行 88h 并完成 2 次中途轨道修正后,在距离地面约 5000km 高度处实施两器分离。返回器于北京时间 2020 年 12 月 17 日凌晨 2 点,携带月球样品采用半弹道跳跃方式返回内蒙古四子王旗预定区域安全着陆。轨道器在分离后快速拉起,飞往日地拉格朗日平动点(L1)开展扩展试验任务。CE-5 月地返回轨道参数如表 5-6 所示。

表 5-6　CE-5 月地返回轨道参数（历元 2020-12-15 19：15：00 UTC）

轨道参数	数值	轨道参数	数值
半长轴/km	185 526.6	周期/h	221
偏心率	0.9656	近地点高度/km	2.2
轨道倾角/(°)	43.5169	远地点高度/km	358 294.7

CE-5 月地返回轨道是偏心率约为 0.96、周期约为 9 天的大椭圆轨道，月地返回轨道器-返回器分离点前约 7.5h 开始没有国内测控弧段，仅阿根廷深空站和纳米比亚站可见，无法利用国内 VLBI 网 4 个台站开展高精度干涉测量，缺乏对轨道的横向约束。因此，仅利用海外 2 站短弧测距/测速数据确定分离点导航初值的精度约为 600m。为了提高分离点导航初值的精度，基于地基测量方法和 GNSS 导航技术给出天地基联合测量与导航体系设计。

5.5.1.1　地基多站分时接力测量方法

考虑到月地返回飞行轨迹相对地面站近乎为直线，飞行速度接近第二宇宙速度，在短弧情况下提高定轨精度的有效方法包括提高测量精度和改善地面站测量几何。在提高测量精度方面，CE-5 采用 X 频段测控，相比 S 频段，X 频段信号受电离层传播延迟误差的影响更小，测量精度更高[16]。

在改善测量几何方面，测控系统积极开展国际联网合作，在返回轨道最后一次中途修正至分离点飞行弧段可用的测站有：阿根廷深空站和纳米比亚站、ESA 的玛斯帕拉玛斯站和库鲁站、法国国家空间研究中心（National Centre for Space Studies，CNES）的马林迪站和凯尔盖朗站，如图 5-8 所示。考虑到任务的可靠性和经济性，应在充分利用我国所属测站的基础上优选国际联网测站，尽可能提高定轨预报精度。

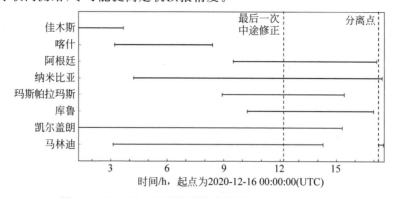

图 5-8　CE-5 再入返回轨道段地基测站跟踪弧段示意图

根据 CE-5 标称设计轨道,上述测站对 CE-5 探测器可见弧段不同,有同时可见弧段,也有单站或双站可见弧段。如果探测器对多个测站同时可见,且各站可以同时对探测器进行跟踪测量,则可以采用多站三向测量或多站同时双向测量体制[17]。多站三向测量包括三向测距和三向测速,由 1 个主站对探测器进行双向测距/测速,其他副站同时对探测器进行三向测距/测速。其中三向测距体制需要实现主副站间收发测距音的精确相位比对(以求取相位差进而折算为距离),因此要对地面站进行改造。多站同时双向测量需要探测器上的应答机具备同时与多站进行双向测距/测速的能力。两种手段均需要对现有设备进行升级、改造,增加了任务成本和复杂性,并且需要多站同时跟踪目标,极大地占用了地面测控资源。

为解决现有问题,提出了多站分时接力测量方法,无须对测站和探测器进行任何改造,无须多站同时跟踪目标,能够在现有条件下提高返回轨道短弧定轨精度并尽可能节省地面测控资源。下面给出具体方法步骤。

首先,采用位置精度因子分析方法,在上述测站组合中确定出最优的多站分时接力测量的测站组合。在地心天球参考系中建立第 i 个测站的测距量和探测器状态矢量之间的关系,如参考文献[18]中图 1 所示。测距模型表示为:

$$\rho_i = [(x - r_{s,i}\cos\varphi_i)^2 + (y - r_{s,i}\sin\varphi_i)^2 + (z - z_{s,i})^2]^{1/2}$$

(5-32)

其中,ρ_i 是测站 i 到探测器的距离;x、y、z 是探测器位置的直角坐标分量;r、α、δ 是探测器位置的球坐标分量,r 表示地心距离,α、δ 表示赤经、赤纬;$r_{s,i}$、φ_i、$z_{s,i}$ 分别为测站 i 的柱坐标分量;$(r_{s,i}\cos\varphi_i, r_{s,i}\sin\varphi_i, z_{s,i})$ 表示测站 i 的位置矢量直角坐标。

由于 $r_{s,i}/r \ll 1$ 和 $z_{s,i}/r \ll 1$,将式(5-32)右端关于 $r_{s,i}/r$ 和 $z_{s,i}/r$ 展开,可得:

$$\rho_i = r\left\{1 - \frac{r_{s,i}}{r}\left(\frac{x_i}{r}\cos\varphi_i + \frac{y_i}{r}\sin\varphi_i\right) - \frac{z_{s,i}}{r}\frac{z_i}{r} + \right.$$
$$\frac{1}{2}\frac{r_{s,i}^2}{r^2}\left[1 - \frac{1}{2}\left(\frac{x_i^2}{r^2} + \frac{y_i^2}{r^2}\right) - \frac{1}{2}\left(\frac{x_i^2}{r^2} - \frac{y_i^2}{r^2}\right)\cos 2\varphi_i - \frac{x_i y_i}{r^2}\sin 2\varphi_i\right] -$$
$$\left.\frac{r_{s,i} z_{s,i}}{r^2}\frac{z_i}{r}\left(\frac{x_i}{r}\cos\varphi_i + \frac{y_i}{r}\sin\varphi_i\right) + \frac{1}{2}\frac{z_{s,i}^2}{r^2}\left(1 - \frac{z_i^2}{r^2}\right) + \cdots\right\}$$

(5-33)

略去式中 $r_{s,i}/r$ 和 $z_{s,i}/r$ 的高阶项,并且将探测器的直角坐标矢量

(x,y,z) 替换为球坐标矢量 (r,α,δ),可得:

$$\rho_i \approx r - [r_{s,i}\cos\delta\cos(\varphi_i - \alpha) + z_{s,i}\sin\delta] \quad (5\text{-}34)$$

由式(5-34)分别对探测器位置的球坐标分量求偏导数可得:

$$\begin{cases} \dfrac{\partial \rho_i}{\partial r} = 1 \\ \dfrac{\partial \rho_i}{\partial \delta} = r_{s,i}\sin\delta\cos(\varphi_i - \alpha) - z_{s,i}\cos\delta \\ \dfrac{\partial \rho_i}{\partial \alpha} = -r_{s,i}\cos\delta\sin(\varphi_i - \alpha) \end{cases} \quad (5\text{-}35)$$

由此,可以得到 N 个测站的测量矩阵为:

$$\boldsymbol{A} = \begin{bmatrix} \left(\dfrac{\partial \rho_1}{\partial r}\right) & \left(\dfrac{\partial \rho_1}{\partial \alpha}\right) & \left(\dfrac{\partial \rho_1}{\partial \delta}\right) \\ \left(\dfrac{\partial \rho_2}{\partial r}\right) & \left(\dfrac{\partial \rho_2}{\partial \alpha}\right) & \left(\dfrac{\partial \rho_2}{\partial \delta}\right) \\ \left(\dfrac{\partial \rho_3}{\partial r}\right) & \left(\dfrac{\partial \rho_3}{\partial \alpha}\right) & \left(\dfrac{\partial \rho_3}{\partial \delta}\right) \\ \vdots & \vdots & \vdots \\ \left(\dfrac{\partial \rho_N}{\partial r}\right) & \left(\dfrac{\partial \rho_N}{\partial \alpha}\right) & \left(\dfrac{\partial \rho_N}{\partial \delta}\right) \end{bmatrix} \quad (5\text{-}36)$$

由测量矩阵 $\boldsymbol{A}$ 可以计算得到协方差矩阵 $\boldsymbol{Q} = (\boldsymbol{A}^T\boldsymbol{A})^{-1}$,计算位置精度因子为:

$$\text{PDOP} = \sqrt{q_{11} + q_{22} + q_{33}} \quad (5\text{-}37)$$

其中,q_{11}、q_{22}、q_{33} 为矩阵 $\boldsymbol{Q}$ 的对角线元素。

计算各种测站组合在跟踪弧段内 PDOP 的平均值,PDOP 均值最小的为最优测站组合。然后通过迭代给出各测站接力跟踪的弧段和次数,具体步骤如下,流程如图 5-9 所示。

步骤 1. 设可用观测弧段总长度为 T,各个测站接力跟踪次数为 k,测定轨位置精度为 σ_P,速度精度为 σ_V,位置精度差的阈值为 $\lim_P$,速度精度差的阈值为 $\lim_V$。

步骤 2. 当各测站接力跟踪 1 次($k=1$ 时),将可用观测弧段 T 平均分配给 N 个测站,通过仿真分析给出测定轨位置精度 $\sigma_{P,1}$ 和速度精度 $\sigma_{V,1}$。

步骤 3. 当各测站接力跟踪 k 次($k>1$ 时),将可用观测弧段 T 平均分为 k 段,每段长度为 T/k,再将各段平均分配给 N 个测站,通过仿真分析给出测定轨位置精度 $\sigma_{P,k}$ 和速度精度 $\sigma_{V,k}$。

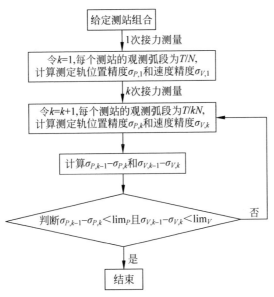

图 5-9　确定各测站接力观测弧段的流程图

步骤 4. 比较各测站接力跟踪 k 次和 $k-1$ 次的测定轨位置精度和速度精度, 若 $\sigma_{P,k-1}-\sigma_{P,k} \geqslant \lim_P$ 或 $\sigma_{V,k-1}-\sigma_{V,k} \geqslant \lim_V$, 则 $k=k+1$, 返回步骤 2; 若 $\sigma_{P,k-1}-\sigma_{P,k} < \lim_P$ 且 $\sigma_{V,k-1}-\sigma_{V,k} < \lim_V$, 则结束。

为了充分利用我国所属测站、减少国际合作测站的使用,首选纳米比亚-阿根廷+1个国际联网站的三站组合,有如下 4 种情况:①纳米比亚-阿根廷-马林迪;②纳米比亚-阿根廷-凯尔盖朗;③纳米比亚-阿根廷-玛斯帕拉玛斯;④纳米比亚-阿根廷-库鲁。三站共视弧段和位置精度因子如表 5-7 所示,三站跟踪测量总弧段约为 3.9h。

表 5-7　不同组合的三站共视弧段和位置精度因子

序号	多站组合	共视弧段/h	PDOP 均值
1	纳米比亚-阿根廷-马林迪	3.2	156.94
2	纳米比亚-阿根廷-凯尔盖朗	3.9	17.48
3	纳米比亚-阿根廷-玛斯帕拉玛斯	3.5	16.44
4	纳米比亚-阿根廷-库鲁	3.9	17.21

由此,在上述测站组合中选定组合 3 为最优测站组合。再按照迭代流程计算可得,该组合各站接力测量 1 次,平均每站分配约 70min(扣除测站切换时间),即可达到定轨位置误差约 330m,速度误差约 0.07m/s。继续增

加接力测量次数,定轨位置误差只能减小 10%,速度误差不再减小。而增加测站之间的切换次数会增加探测器遥测遥控中断的次数,导致任务复杂度的提高和可靠性的降低,因此选定三站接力 1 次的测量方案。

为了验证选定的三站分时接力测量方案是最优的,对上述 4 种测站组合按照各站接力测量 1 次、平均每站约 70min 进行定轨预报精度仿真分析,结果如表 5-8 所示。可见组合 3 的定轨预报精度最高。

表 5-8 不同组合的定轨预报精度

序号	多站组合	位置误差/m	速度误差/(cm·s^{-1})
1	纳米比亚-阿根廷-马林迪	7146.15	40.82
2	纳米比亚-阿根廷-凯尔盖朗	402.23	11.03
3	纳米比亚-阿根廷-玛斯帕拉玛斯	332.33	6.84
4	纳米比亚-阿根廷-库鲁	358.47	7.85

因此在 CE-5 任务中,返回轨道近地段地基测量采用纳米比亚-阿根廷-玛斯帕拉玛斯三站接力测量 1 次的方案。该方案不需要改造测站,也不需要地面三站同时跟踪同一个目标,还不需要改造探测器上的应答机,极大地降低了经费需求和任务复杂度,节省了地面测控资源。

5.5.1.2 GNSS 导航技术

CE-5 探测器搭载的 GNSS 接收机充分继承 CE-5T1 的设计理念和技术路线,具备 L 频段 C/A 码弱信号捕获跟踪能力,能够同时接收处理 32 个通道的 GPS/GLONASS 导航卫星信号。在探测器本体坐标系的 ±Z 轴上分别配置了 1 副接收天线,以实现 CE-5 在不同飞行高度和姿态下接收机对导航卫星信号的近全向接收,有效保证可见导航星的数量,提高实时定位能力。接收机能够实时进行位置、速度解算,并通过下行遥测信道发送原始测量数据。考虑到实时遥测数据量的限制,发送的原始测量数据仅包含定位信息、8 个通道的伪距和信噪比等数据,未下传载波相位数据。由此可以对 GNSS 星间差分伪距数据进行预处理并用于轨道确定,还可以对 GNSS 定位数据进行轨道动力学拟合以实现定轨预报,具体的定轨策略参考表 5-3。

5.5.1.3 联合导航技术

综合考虑 GNSS 星间差分伪距数据和地基测距测速数据对轨道约束的互补优势[10],融合 GNSS 星间差分伪距和地基测距两类数据,利用统计估计方法可以实现天地基测量数据联合定轨[19]。下面给出对实测数据精度的分析评估。

5.5.2 导航精度评估

根据 CE-5 设计轨道和控制策略,计划于 2020-12-16 12:17(UTC,下同)实施月地转移最后一次轨道中途修正,之后利用地基测量数据进行定轨并预报轨道器-返回器分离点。但在实际飞行过程中,根据定轨结果计算发现该次轨道修正的速度增量小于设计门限,故取消该次修正。因此,选取该次修正前后探测器飞行稳定的测量弧段(2020-12-16 01:15—2020-12-16 17:20,约 16h)进行定轨,作为基准轨道。

确定基准轨道所采用的地基测量数据信息如表 5-9 所示。根据基准轨道反算定轨弧段内的 GNSS 差分伪距数据残差 RMS 约为 16.69m。与之类似的 CE-5T1 地月自由返回轨道分离点前基准轨道反算定轨弧段内的 GNSS 差分伪距数据残差 RMS 约为 36.62m。相比 CE-5T1,CE-5 采用 X 频段测量体制提高了测距测速和 VLBI 干涉测量数据的精度,从而提高了基准轨道的精度。

表 5-9　CE-5 基准轨道采用的地基测量数据信息

数 据 类 型	定轨后残差(RMS)	地 基 测 站
测距	0.4m	佳木斯、喀什、阿根廷、纳米比亚、玛斯帕拉玛斯
测速	1mm/s	
VLBI 时延	0.3ns	CVN 的北京、上海、昆明、乌鲁木齐 4 个台站
VLBI 时延率	0.3ps/s	

依据该基准轨道分析纳米比亚-阿根廷-玛斯帕拉玛斯三站接力测量数据定轨并预报 1h 至分离点的精度,跟踪测量弧段为 2020-12-16 12:17:16—2020-12-16 16:10:00,约 4h。定轨预报精度如表 5-10 所示。基于现有测站和探测器的测控条件,采用三站接力测量方法。三站分时接力每站测量约 80min,定轨预报导航初值的位置误差约为 290m,速度误差约为 4cm/s。

表 5-10　三站接力测量确定分离点导航初值精度

误 差 方 向	位置误差/m	速度误差/$(cm \cdot s^{-1})$
径向	69.72	1.33
横向	253.68	2.88
轨道面法向	121.85	2.25
总合	289.93	3.89

在 CE-5 月地返回轨道分离点前，GNSS 接收机开机工作，获取了 2020-12-16 13:40:00—17:13:00 弧段的 GNSS 数据，该弧段探测器到地面的距离变化范围为 5000～58 000km。通过对实测数据进行处理，发现接收到的 GLONASS 卫星信号相比 GPS 信号更弱、伪距测量精度较差、部分测量数据存在错误，导致接收机在 GPS 可见星数少于 4 颗、需联合 GLONASS 卫星进行定位时，位置误差达数百千米；而 GPS 可见星数达到 4 颗时，定位位置误差优于 100m。

依据基准轨道，分析 GNSS 测量数据定轨并预报 1h 至分离点的精度结果如表 5-11 所示，可见：

1) 使用差分伪距数据进行定轨预报分离点导航初值的位置误差约为 101m，速度误差约为 2cm/s；

2) 使用 GNSS 定位数据定轨预报分离点导航初值的位置误差约为 122m，速度误差约为 4cm/s。

表 5-11　GNSS 测量确定分离点导航初值精度

测量量	误差方向	位置误差/m	速度误差/(cm·s^{-1})
差分伪距	径向	77.37	1.74
	横向	30.88	0.38
	轨道面法向	57.19	1.32
	总合	101.05	2.22
定位数据	径向	92.86	2.04
	横向	52.87	3.38
	轨道面法向	57.86	1.28
	总合	121.52	4.15

图 5-10 和图 5-11 分别给出了差分伪距数据和定位数据定轨后残差。其中差分伪距数据残差平稳，RMS 为 5.95m；而定位数据残差在弧段开始时较大，从 80km 逐渐收敛到 100m（用时约 20min），之后残差逐渐减小到 10m 以内。这主要由于星载 GNSS 接收机实时定位滤波算法受到星上计算能力的限制，缺乏高精度的动力学模型和轨道解算模块，定位收敛速度和定轨预报精度均比地面处理结果要差。因此，采用 GNSS 伪距测量数据由地面轨道计算中心进行定轨预报的方式更有利于提高分离点导航初值的确定精度。

融合 GNSS 星间差分伪距和纳米比亚-阿根廷-玛斯帕拉玛斯三站测量数据定轨预报分离点导航初值的结果与基准轨道进行比较，位置误差可达 57.69m（径向 10.78m、横向 9.16m、法向 55.93m），速度误差约为 1.25cm/s

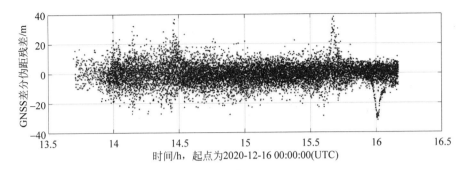

图 5-10　星间差分伪距数据定轨后残差

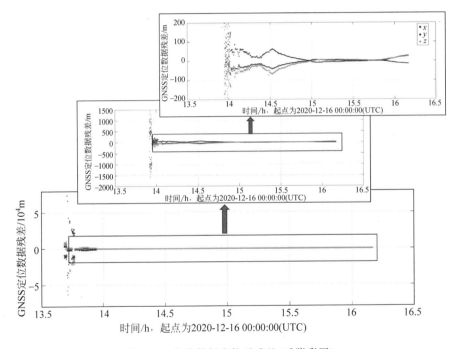

图 5-11　定位数据定轨后残差（后附彩图）

（径向 0.21cm/s、横向 0.17cm/s、法向 1.22cm/s）。仅利用单站测量数据联合 GNSS 差分伪距数据定轨预报结果与基准轨道进行比较，与三站联合结果相当，如表 5-12 所示。可见 GNSS 测量可以有效降低地基系统对布站几何的要求，在地基单站情况下，联合 GNSS 差分伪距数据确定分离点导航初值的精度仍可以达到位置误差 60m，速度误差 1.4cm/s。

表 5-12　天地基联合确定分离点导航初值精度

测　　量	位置误差/m	速度误差/(cm·s^{-1})
三站＋差分伪距	57.69	1.25
纳米比亚＋差分伪距	57.66	1.26
玛斯帕拉玛斯＋差分伪距	57.72	1.26
阿根廷＋差分伪距	60.74	1.38

考虑到目前没有更高精度的测定轨结果来评估月地转移轨道定轨的绝对精度,分析了利用不同测量数据定轨结果反算的测量数据残差,用于间接评估天地基联合定轨对提高导航初值确定精度的作用,具体结果如图 5-12 所示(R 表示测距数据,PR 表示差分伪距数据)。可以得出以下结果:

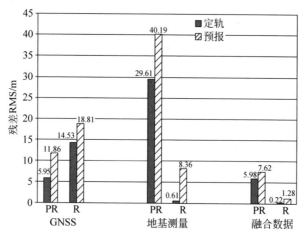

图 5-12　不同类型测量数据定轨预报残差的比较

1) 融合天地基数据的定轨预报精度最高,以此为基准统计各类测量数据在预报弧段的残差均符合测量数据本身的精度水平。

2) GNSS 星间差分伪距数据定轨预报精度次之,以此为基准统计测距数据残差 RMS 在定轨和预报弧段分别约为 15m 和 19m,大于测量数据本身的精度水平。

3) 地基数据定轨预报精度最低,以此为基准统计 GNSS 星间差分伪距数据残差 RMS 在定轨和预报弧段分别约为 30m 和 40m。

5.5.3　讨论和结论

在 CE-5 月地返回轨道近地段最后一次中途修正到轨道器-返回器分离之间,探测器处于国外测控区。为了提高地基测量系统短弧定轨精度,采用天地基联合导航方法,由地面轨道计算中心利用地基测站的测量数据和 GNSS 测量数据进行融合定轨预报。计算结果表明,分离点导航初值的位置精度优于 60m,速度精度优于 1.5cm/s。

天地基联合导航比仅利用地基或 GNSS 测量数据的定轨预报精度都高,以此为基准统计 GNSS 星间差分伪距数据残差 RMS 为 6~8m,地基测距数据残差 RMS 约为 1m。由此验证了天地基联合导航技术可以实现月地返回轨道高精度定轨预报,后续还将应用于载人月球探测、火星和小行星探测采样返回等深空探测任务,该技术可以为返回地球的探测器提供高精度导航支持。

5.6 典型探月任务全弧段 GNSS 定轨预报精度仿真分析

本节利用基于 GNSS 的月球探测器精密定轨算法详细分析我国探月任务各个飞行阶段的定轨/定位精度,所选的场景和仿真数据与 4.4 节~4.6 节一致,具体的仿真条件如表 5-13 所示。

表 5-13 典型探月任务定轨精度分析仿真条件设置

项 目	设 置
导航卫星星历	实际收到的广播星历
信号特征	发射天线增益方向图见图 4-5; 发射功率见 4.1.2 节; 接收天线为高增益天线,取值见表 4-6
可见性条件	地球表面 1000km 以上(排除对流层和电离层影响); 信号捕获门限(C/N_0)为 21dB-Hz/15dB-Hz 两个取值
接收机系统参数	系统噪声温度在对地方向取 290K,对天方向取 180K; 接收机为 32 通道,选星原则为载噪比最大原则
接收机钟的稳定度	5×10^{-10}
测量数据率	所有可见的 GNSS 卫星均按 1s/5s/10s 三种数据率提供测量量
伪距随机误差(1σ)	与接收信号的 C/N_0 有关,简化为与接收机和导航卫星之间距离有关的 4 档: • 0~100 000km,随机差为 5m; • 100 000~200 000km,随机差为 10m; • 200 000~300 000km,随机差为 15m; • 300 000~400 000km,随机差为 20m
初始接收机钟差	1.0m
初始接收机钟差的漂移	0.15m/s

续表

项 目	设 置
基本参考系	地月转移轨道段：地心天球参考系； 环月轨道段、动力下降段和月面工作段：历元月心天球坐标系
月球重力场	GRAIL(165×165 阶次)
地球重力场	JGM-3(50×50 阶次)
N 体引力	考虑大天体的质点引力，包括太阳、水星、金星直到冥王星以及月球等卫星，通过 DE 421 历表计算大天体位置
太阳辐射压	太阳辐射压反射系数：1.24，常数面积取 26.784m^2
地球自转参数	IERS Bulletin B
月球潮汐	LOVE 模型
探测器初始位置速度误差（各分量）	与地基测量数据定轨精度相匹配，具体设置为： • 地月转移轨道 1000m,0.1m/s； • 环月轨道 100m,0.1m/s； • 动力下降段 100m,0.1m/s； • 月面定位 100m,0.01m/s
状态估计方法	最小二乘批处理
待估参数	探测器位置速度矢量、接收机钟差和太阳辐射压系数

根据 4.7 节给出的相关建议，仿真分析定轨精度时考虑在探测器不同方向上安装多个能够确保对地指向的高增益接收天线；接收机能够实现高动态信号捕获，适应地月/月地转移轨道、环月轨道、动力下降以及月面工作等各个阶段的多普勒频移及其变化率的范围；接收机选星原则设置为 C/N_0 最大原则；接收机能同时接收 GPS 和 BDS 信号并进行处理；在地月/月地转移轨道段，接收信号载噪比门限设置为 21dB-Hz；在环月轨道段和动力下降以及月面工作段，接收信号载噪比门限设置为 15dB-Hz。

5.6.1 地月转移轨道段

地月转移轨道段是从探测器地月转移入轨到近月制动的阶段，探测器在该段通常会设计实施 1~3 次中途修正(trajectory correction maneuvers, TCM)以保证近月点高度和相对月球的位置。例如我国 CE-1 月球探测器在地月转移入轨后，根据实际飞行轨道取消了设计在 17h 实施的 TCM-1，在 41h 实施了 TCM-2 后，又取消了设计在 90h 执行的 TCM-3，直接到达近月点。CE-2 探测器在进入地月转移轨道后 17h 实施 1 次 TCM，修正后的轨道满足月球捕获要求，故取消了设计的 TCM-2 和 TCM-3。CE-3 探测器分别在地月转移入轨后 14h 和 39h 实施了 TCM-1 和 TMC-2，之后取消了设计的 TMC-3,直接到达月球。CE-5T1 探测器在地月转移入轨后 14h 实施 TCM-1 并在 38h 实施 TCM-2,之后取消了设计的 TMC-3,到达月球附近并返回月地转移轨道;在月地转移轨道上,也取消了设计的 TCM-4 和 TCM-6,仅执行 TCM-5 后返回地球。

可见在地月转移轨道段,每次 TCM 前的定轨预报是探测器导航和确保后续轨道控制精确实施的关键。我们以 4.4 节的 CE-5T1 轨道为例,详细分析地月转移轨道段 3 次 TCM 前的定轨预报精度(3 次 TCM 均按照设计执行时刻选定),全面评估了地月转移段 GNSS 数据的定轨预报精度。

表 5-14 给出了载噪比门限为 21dB-Hz 时,测量数据率分别为 1s、5s 和 10s 情况下的定轨结果,定轨弧段为两次 TCM 之间所有可用数据弧段。可见数据率对定轨精度的影响较小,接收机设计时可以根据实际数据存储能力和天地数据传输速率要求选择合适的数据率。

表 5-14 地月转移段各次中途修正前不同数据率的定轨结果比较

定 轨 弧 段	与基准轨道的误差(RMS)	数据率		
		1s	5s	10s
入轨后至 TCM-1 前	位置/m	70.10	70.49	71.53
	速度/(m·s^{-1})	0.003	0.003	0.003
TCM-1 后至 TCM-2 前	位置/m	184.96	168.07	214.13
	速度/(m·s^{-1})	0.002	0.001	0.002
TCM-2 后至 TCM-3 前	位置/m	464.17	513.94	399.14
	速度/(m·s^{-1})	0.009	0.011	0.009

在每次 TCM 前 6h,需要利用已获取的有效测量数据进行定轨并预报至 TCM 时刻,从而给出具体的轨道修正策略。利用不同测量数据定轨预报 6h 至各次 TCM 点的精度如表 5-15 所示。利用第 1 次 TCM 6h 前的所有 GNSS 测量数据定轨预报的位置误差为 94.51m,而仅利用 3h 的 GNSS 测量数据定轨预报的位置误差也可达到 224.02m;利用第 2 次 TCM 6h 前的所有 GNSS 测量数据定轨预报的位置误差为 248.88m,而将所有的 GNSS 测量数据平均分成 3 段、每段仅取 3h 数据进行定轨预报的位置误差为 385.28m;利用第 3 次 TCM 6h 前的所有 GNSS 测量数据定轨预报的位置误差为 317.99m,同样将所有的 GNSS 测量数据平均分成 3 段、每段仅取 3h 数据进行定轨预报的位置误差为 398.20m。

表 5-15　地月转移段 GNSS 数据定轨预报 6h 至各次中途修正的结果

定轨弧段	数据时长	与基准轨道的误差	
		位置/m	速度/(m·s^{-1})
入轨后至 TCM-1 前 6h	所有 GNSS 数据(约 8h)	94.51	0.002
	仅 3h 的 GNSS 数据	224.02	0.008
TCM-1 后至 TCM-2 前 6h	所有 GNSS 数据(约 18h)	248.88	0.002
	3 段 GNSS 数据(每段 3h)	385.28	0.004
TCM-2 后至 TCM-3 前 6h	所有 GNSS 数据(约 18h)	317.99	0.010
	3 段 GNSS 数据(每段 3h)	398.20	0.013

而在 CE-5T1 实际任务中,每次 TCM 前的定轨预报均采用地基测量数据,包括 S 频段双向测量(喀什、青岛 18m 站设备)数据和 VLBI 干涉测量(CNV 的 4 个台站)数据。利用地基实测数据定轨预报至各次 TCM 点的精度分别为:

1) 发射入轨后至 TCM-1 前 3h(TCM-1 前 6h 探测器处于国外测控区,无 VLBI 测量数据,定轨预报精度较低,需要利用 3h 后的 VLBI 测量数据进行定轨预报)地基数据定轨预报至 TCM-1 时刻,位置速度误差为(275.61m,0.01m/s);

2) TCM-1 后至 TCM-2 前 6h 的地基数据定轨预报至 TCM-2 时刻,位置速度误差为(543.25m,0.08m/s);

3) TCM-2 后至 TCM-3 前 6h 的地基数据定轨预报至 TCM-3 时刻,位置速度误差为(778.25m,0.13m/s)。

比较可见,每次 TCM 前利用 GNSS 测量数据进行定轨预报的精度均优于地基测量数据定轨预报的结果。此外,如果需要降低探测器平台的功耗,也可以不全程保持 GNSS 接收机开机工作,采取仅在 TCM 定轨预报前开机 3h 或间断开机 3 次(每次 3h)的间歇工作模式也能实现优于 400m 的定轨预报精度。

5.6.2　环月轨道段

环月轨道段是月球探测器开展科学探测的使命轨道或是为着陆、起飞和交会对接作准备的重要飞行阶段,探测器在该段通常会设计实施多次变轨以实现多重任务目标。例如我国 CE-1 月球探测器在环月 200km×200km 的极轨道飞行,获取了月球表面三维立体影像。CE-2 探测器在环月 100km×100km 和 100km×15km 两种极轨道飞行,获取了空间分辨率为 1.3m 的月表虹湾地区高清晰度地形图,为 CE-3 探测器着陆区域选择提

5.6 典型探月任务全弧段 GNSS 定轨预报精度仿真分析

供支持。CE-3 探测器也在环月 100km×100km 和 100km×15km 极轨道上飞行,并从 15km 近月点处开始动力下降,最终安全着陆在指定区域。CE-5T1 探测器在拓展任务期间通过多次变轨,在环月 190km×20km、180km×160km、200km×160km 和 200km×200km 倾斜轨道上飞行,模拟了 CE-5 月球轨道交会对接的飞行轨道,从而验证了月球轨道交会对接飞行过程。

因此,环月轨道段的定轨预报尤其是交会对接段的定轨预报是月球探测任务的关键,也是探测器测量与导航的重要使命。我们以 4.5 节的 CE-3 和 CE-5T1 环月轨道为例,详细分析了不同环月轨道的定轨结果,从而全面评估环月轨道段 GNSS 数据的定轨预报精度。

图 5-13 给出了载噪比门限为 15dB-Hz 时,测量数据率分别为 1s、5s 和 10s 情况下的定轨结果,定轨弧段为 24h(月球遮挡的弧段没有测量数据)。

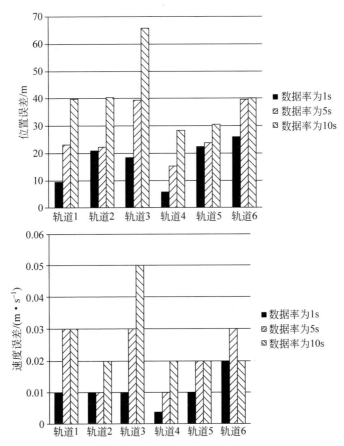

图 5-13 不同数据率对不同类型环月轨道定轨结果的影响

图 5-13 中"轨道 1~6"分别对应 CE-3 探测器环月 100km×100km 和 100km×15km 以及 CE-5T1 探测器环月 190km×20km、180km×160km、200km×160km 和 200km×200km 轨道。可见数据率对定轨精度有一定影响，定轨精度随数据率提高而提高，相对 5s 数据率的情况，1s 数据率定轨精度最多可提高 50%。因此在接收机设计时，数据率应采用 1s。

与地月转移轨道段相同，在环月段每次变轨前 6h，需要利用已获取的有效测量数据进行定轨并预报至变轨时刻，从而制定轨控策略。利用不同长度的测量数据定轨预报 6h 的精度，结果如表 5-16 所示。可见仅利用 1 圈 GNSS 数据定轨预报精度较低，这反映了单圈定轨无法准确确定轨道半长轴，从而使定轨预报精度受到影响，尤其对椭圆轨道影响更大。如果能够累积 2~3 圈的测量数据，就可以有效提高定轨预报精度，使位置误差降低到 100m 以内；而继续增加测量弧段，定轨预报精度不再显著提高。故利用 3 圈的 GNSS 测量数据进行定轨预报是保证环月轨道段变轨前定轨预报精度的合适选择。

表 5-16 不同类型环月轨道利用不同弧长 GNSS 数据定轨预报 6h 的精度比较

轨道类型	定轨弧段	与基准轨道的误差	
		位置/m	速度/(m·s^{-1})
100km×100km (轨道 1)	1 圈	131.10	0.12
	2 圈	58.63	0.05
	3 圈	48.04	0.03
	4 圈	29.59	0.03
100km×15km (轨道 2)	1 圈	178.21	0.14
	2 圈	46.22	0.03
	3 圈	48.46	0.03
	4 圈	26.40	0.02
190km×20km (轨道 3)	1 圈	216.63	0.16
	2 圈	165.44	0.11
	3 圈	62.63	0.03
	4 圈	56.49	0.03
180km×160km (轨道 4)	1 圈	137.61	0.10
	2 圈	69.43	0.06
	3 圈	39.34	0.03
	4 圈	39.30	0.02
200km×160km (轨道 5)	1 圈	174.30	0.10
	2 圈	106.04	0.06
	3 圈	64.94	0.03
	4 圈	56.43	0.03

续表

轨道类型	定轨弧段	与基准轨道的误差	
		位置/m	速度/(m·s^{-1})
200km×200km (轨道6)	1 圈	105.70	0.06
	2 圈	47.25	0.04
	3 圈	44.20	0.04
	4 圈	29.17	0.02

实际上在 CE-3 和 CE-5T1 探测器飞行期间,测控系统获取了大量有效的地基测量数据。其中,CE-3 探测器获取了 X 频段双向测量(喀什、佳木斯深空站)数据和 VLBI 干涉测量(CNV 的 4 个台站)数据;CE-5T1 获取了 S 频段双向测量(喀什、青岛 18m 站设备)数据和 VLBI 干涉测量(CNV 的 4 个台站)数据。利用单圈地基实测数据对环月 100km×100km 轨道的定轨预报位置误差为 130m,对 100km×15km 轨道的定轨预报位置误差为 750m;2 圈以上地基测量数据对环月 100km×100km 和 100km×15km 轨道的定轨预报位置误差均可减小至 50m。与表 5-16 比较后可见,利用 GNSS 测量数据单圈定轨预报精度明显高于地基测量数据,累积 2~3 圈测量数据后与地基测量数据定轨预报精度基本一致。因此,GNSS 测量数据是地基测量的有利补充和备份。

此外,考虑到月球轨道交会对接时,探测器从月面起飞到完成交会对接需飞行约 2d 并通过 4 次变轨,平均每 2 次变轨之间的弧段不足 10h,加之存在月球遮挡和地面测控覆盖空缺的情况,交会对接过程中仅利用地基测量的可用测定轨弧段将进一步减少,而各次变轨前的高精度定轨预报是保证交会对接顺利实施的必要条件。如果能够利用 GNSS 测量数据,即使 GNSS 接收机不能全程开机,仅在定轨预报前获取 3 圈(通视情况下数据弧段约 6h;非通视情况下数据弧段仅约 3h)数据,即可达到优于 60m 的定轨预报精度,从而满足交会对接任务要求。

5.6.3 动力下降和月面工作段

CE-3 探测器是我国首个成功实施月面软着陆的月球探测器,它从环月 100km×15km 轨道的近月点开始持续减速,经历了主减速、快速调整、接近、悬停、避障和缓速下降 6 个阶段后(整个过程约 12min),在虹湾地区着陆。

在 CE-3 着陆器动力下降过程中,地基测站对探测器进行了三向测量(喀什-佳木斯-三亚 3 站)和 VLBI 干涉测量(CVN 的 4 个台站),利用这些数据可以确定动力下降轨迹。由于 CE-3 探测器主发动机在动力下降段持续工作,探测器的运动十分复杂,无法用轨道动力学模型进行建模,故轨迹确定采用三阶 B 样条函数拟合法[20]。根据运动学统计方法确定动力下降段轨迹,地基测量数据确定的轨迹结果在落月时刻的位置和着陆器定位结果相比,位置误差达到 100m[21]。同时,探测器自身利用星敏感器、惯性测量单元、微波测距测速敏感器、激光测距敏感器、激光成像敏感器等 7 个星载设备的测量信息进行综合处理,在 CE-3 任务中实时自主确定了动力下降轨迹[22]。实时自主确定的轨迹与地基测量数据确定的轨迹精度相当。

本节利用仿真生成的 GNSS 测量数据确定动力下降段轨迹,整个动力下降段轨迹和实时自主确定的轨迹相比,位置误差为 118.92m;收敛弧段位置误差 RMS 为 80.16m,如图 5-14 所示。考虑到动力下降段持续时间短且为任务关键弧段,因此仿真的数据率取为 1s。根据分析结果,在动力下降关键弧段中,GNSS 测量可以和地基测量相互备份,提高任务的可靠性。

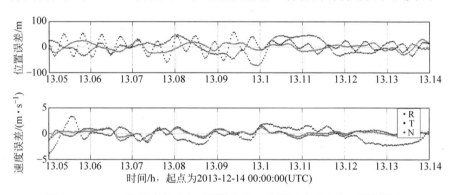

图 5-14　GNSS 数据确定动力下降段轨迹与遥测轨迹的比较(后附彩图)

在 CE-3 着陆器着陆后,地基测站还连续获取了约 1h 的三向测量(喀什-佳木斯-三亚 3 站)和 VLBI 干涉测量(CVN 的 4 个台站)数据。在对着陆器定位时,可以使用 2050 阶次 LRO 月球地形球谐函数模型(空间分辨率约为 2.66km)对着陆点的高程方向解算进行约束,实测数据定位结果与 NASA 利用 LRO 探测器图像数据解算结果的三维位置差异小于 50m[23]。

本节利用仿真生成的 GNSS 测量数据进行定位,在载噪比门限为 15dB-Hz 时,测量数据率分别为 1s、5s 和 10s 的 6h 弧段测量数据的定位精度分别为 17.01m、38.02m 和 53.77m。可见数据率对月面定位精度有影响,相对 5s 数据率的情况,1s 数据率定位精度提高了 55%。因此,接收机设计时数据率应选取为 1s。

利用不同弧段 GNSS 数据定位的结果如表 5-17 所示。1h 弧段的 GNSS 数据定位精度与地基结果相当；5min 短弧快速定位偏差可以达到百米，能够为探测器着陆后快速提供初始位置，为太阳帆板指向和测控天线指向的确定提供初始位置参考；30min 后 GNSS 数据可以继续改进定位精度(优于 70m)。

表 5-17 利用不同弧段的 GNSS 数据定位结果比较

数据弧段	定位偏差/m
1h	46.41
30min	68.66
5min	180.84

5.7 本章小结

本章研究了利用 GNSS 数据对月球探测器进行精密定轨的算法，尤其是针对与传统地基测量数据处理之间存在的差异提出了相应的改进方法。首先，研究了用于插值 15min 间隔的 GNSS 精密星历的滑动切比雪夫多项式插值算法，分析结果表明，采用 9 阶 16 点切比雪夫多项式插值可以保证插值星历的精度稳定优于 1mm，满足 GNSS 数据测量模型精度要求。其次，研究发现同一时刻的 GNSS 星间差分测量量存在相关性，因此其权矩阵为非对角矩阵，在进行定轨解算时不能采用传统地基测量量或非差观测量的逐个处理方法；本章给出，可以累积一个历元时刻所有的观测量并进行矩阵运算，再逐历元进行求和解算，最终得到待估参数的最优估计。最后，对于非差观测量，推导了递归求解钟差算法，在解算轨道参数的同时求解出每个历元时刻的接收机钟差参数。

基于这些算法，结合现有月球任务地基定轨算法，即可实现 GNSS+地基测量数据联合定轨。为了验证精密定轨算法的正确性，处理分析了 GRACE 卫星、北斗Ⅰ1-S 和 SJ-17 卫星的实测数据，分别验证了伪距、载波相位和相位平滑伪距数据精密定轨的正确性以及对 HEO 和 GEO 航天器进行定轨的精度。其中，GRACE 卫星精密定轨位置误差 RMS 为 2.35cm，速度误差 RMS 为 0.06mm/s；北斗Ⅰ1-S 卫星星载 GNSS 接收机实时定轨结果与伪距数据定轨结果偏差 RMS 约为 10m；SJ-17 卫星的 GNSS 接收机实时单历元解算结果的动力学拟合残差 RMS 为 36.66m。

通过对 CE-5T1 探测器在地月和月地转移轨道获取的 GNSS 数据进行

定轨预报精度分析，结果表明利用 GNSS 测量数据定轨预报位置精度达到 109m，优于地基多站测量数据定轨预报结果（位置精度为 369m）；联合 GNSS＋地基测量数据进行定轨预报进一步将定轨预报位置精度提高到 47m。利用天地基联合导航方法实现 CE-5 月地转移轨道分离点导航初值的位置精度优于 60m。

此外，本章还针对典型探月任务中的地月转移段、环月段、动力下降段和月面工作段分别开展仿真分析，评估了利用 GNSS 数据可以实现的定轨/定位精度，作为 GNSS 支持月球探测器导航性能评估的重要依据。对于地月转移轨道段各次中途修正前，利用 GNSS 测量数据定轨预报位置精度优于 400m，优于传统地基测量数据定轨预报精度；对于环月轨道变轨前，3 圈数据定轨预报位置精度优于 60m，与地基测量数据相当，而在单圈数据定轨情况下其精度比地基测量数据提高了 1~5 倍；对于动力下降段轨迹确定和月面工作段定位精度分别为 100m 和 50m，与地基测量数据相当。

上述精度均可满足我国月球探测任务定轨预报精度要求。根据本章研究结果，接收机采用 1s 的数据率可以有效提高定轨精度（相较 5s 数据率的情况，最多可提高 55%）；而且接收机可以采用间歇工作模式，这一方面可以保证定轨预报精度，另一方面可以降低卫星平台功耗。

参考文献

[1] 黄勇,胡小工,曹建峰,等.上海天文台火星卫星定轨软件系统[J].飞行器测控学报,2009,28(6)：83-89.

[2] 董光亮,徐得珍,樊敏,等.深空干涉测量天线高精度站址测量技术现状及展望[J].飞行器测控学报,2016,35(4)：249-257.

[3] 熊芷玄,冯畅.GNSS 广播星历精度评估与分析[J].导航定位学报,2024,12(3)：81-87.

[4] 朱红玉,陈俊平,张益泽.GNSS 轨道钟差产品综合综述[J].世界科技研究与发展,2023,45(3)：306-316.

[5] 汪威,陈明剑,闫建巧,等.北斗三类卫星精密星历内插方法分析比较[J].全球定位系统,2016,41(2)：60-65.

[6] 魏二虎,柴华.GPS 精密星历插值方法的比较研究[J].全球定位系统,2006,31(5)：13-15.

[7] 周善石.基于区域监测网的卫星导航系统精密定轨方法研究[D].北京：中国科学院大学,2011.

[8] 彭冬菊.LEO 星载 GPS 精密定轨理论研究及其软件实现[D].上海：中国科学院

上海天文台,2008.

[9] DONG G L,FAN M,LI P J,et al. Chang'E-2 lunar probe orbit determination and support[J]. Journal of Astronautics,2013,34(4):457-463.

[10] HUANG Y,HU X G,ZHANG X Z,et al. Improvement of orbit determination for geostationary satellites with VLBI tracking[J]. Chinese Science Bulletin,2011,56:2765-2772.

[11] 张玉花,梅海,赵晨,等.嫦娥五号轨道器的创新与实践[J].上海航天,2020,37(6):5-14.

[12] 杨孟飞,张高,张伍,等.探月三期月地高速再入返回飞行器技术设计与实现[J].中国科学:技术科学,2015,45(2):111-123.

[13] 孟占峰,高珊,汪中生,等.月地高速再入返回任务轨道设计与飞行评价[J].中国科学:技术科学,2015,45(3):249-256.

[14] 李培佳,樊敏,黄勇,等.CE-5T1探月飞行器地月转移段和环月段的实时定轨[J].中国科学:物理学 力学 天文学,2017,47(12):111-120.

[15] 朱畅.基于多源测高数据的月球吕姆克区域数字高程模型构建及应用[D].武汉:武汉大学,2019.

[16] 吴伟仁,李海涛,董光亮,等.嫦娥二号工程X频段测控技术[J].中国科学:技术科学,2013,43(1):20-27.

[17] 淡鹏,李恒年,李志军.应用三向测量数据的深空探测器实时滤波定位算法[J].航天器工程,2015,24(2):21-26.

[18] ULVESTAD J S,THURMAN S W. Orbit-determination performance of Doppler data for interplanetary cruise trajectories part 1:Error analysis methodology[R]. The Telecommunications and Data Acquisition Report,1992,42(108):31-48.

[19] 刘林,胡松杰,曹建峰,等.航天器定轨理论与应用[M].北京:电子工业出版社,2015.

[20] 宋叶志,黄勇,胡小工,等.月球探测软着陆与采样返回段弹道确定[J].宇航学报,2016,37(10):1157-1163.

[21] 昌胜骐,黄勇,宋叶志,等.嫦娥三号动力落月段轨迹确定策略[J].飞行器测控学报,2014,33(3):236-243.

[22] 黄翔宇,张洪华,王大轶,等."嫦娥三号"探测器软着陆自主导航与制导技术[J].深空探测学报,2014,1(1):52-59.

[23] 李培佳,黄勇,昌胜骐,等.基于地基观测的嫦娥三号着陆器与巡视器高精度定位[J].科学通报,2014,59(32):3162-3173.

第6章

基于GNSS的月球探测器自主导航

根据第 5 章的分析结果，基于 GNSS 可以实现月球探测器各轨道段的定轨/定位，与传统地基测量数据处理结果相比，定轨/定位精度相当。尤其是在地月转移段和环月段短弧定轨情况下，GNSS 数据的定轨精度明显优于地基测量数据，而且还可以采用间歇工作模式。因此，GNSS 系统可以作为探月任务中地基测量系统的备份并能提升系统导航能力。不仅如此，GNSS 系统还在航天器自主导航方面具有很大优势，目前已成功应用于 LEO 卫星的自主导航中，并已在 HEO 和 GEO 卫星上开展仿真分析和试验验证[1-3]。

对于月球探测器，由第 4 章分析结果可知，当 GNSS(GPS＋BDS)接收机捕获门限(C/N_0)降低到 15dB-Hz 时，可以实现各轨道段 98% 以上的弧段可见 GNSS 卫星数量≥5，理论上由这些测量数据根据几何法可以实现自主定轨。但是由于探月卫星距离地球遥远，GNSS 测量的精度因子很差，利用几何法定轨的精度较低，需要增加航天器轨道动力学约束以提高定轨精度[4-5]。

卡尔曼(Kalman)滤波算法可以实时利用测量数据解算航天器运动状态矢量和其他待估参数，计算时效性高、适应性强，已经在航天器自主导航、空间目标实时跟踪等领域中得到广泛应用[6]。国内外已有大量实时滤波算法方面的研究成果，例如，扩展卡尔曼滤波(extended Kalman filter，EKF)、无迹卡尔曼滤波(unscented Kalman filter，UKF)和粒子滤波(particle filter，PF)算法等，以及在此基础上改进实现的序列批处理卡尔曼滤波、容积滤波和球形单纯 UKF 算法等，不同的滤波算法各有优缺点，分别适用于不同的系统[7-9]。在各种非线性滤波算法中，EKF 算法出现最早且容易实现，因此应用也最广[10]。但是该算法采用一阶泰勒(Taylor)展开作为近似，当系统初始值具有较大误差以及系统过程噪声协方差矩阵 Q 和观测噪声协方差矩阵 R 不确定时，可能引起定轨精度下降甚至会导致滤波发散[11]。

本章的研究工作正是针对上述问题展开的：①研究自适应扩展卡尔曼滤波算法(AEKF)，该算法能够根据滤波残差识别滤波是否发散，并对先验估计误差协方差矩阵 P 进行调节，从而避免滤波发散并提高定轨精度；②利用基于自适应扩展卡尔曼滤波算法的自主导航模块，对 CE-5T1 探测器的实测数据进行滤波处理，评估地月/月地转移和环月段的自主导航精度。

6.1 自主定轨算法

卡尔曼滤波提供了一种利用单个或少量观测数据对待估参数的先验估

计进行修正并最终达到与最小二乘算法相似效果的方法,从而实现了对待估参数的实时估计,即只要获得上一时刻状态的估计值以及当前状态的观测值就可以计算出当前状态。EKF 算法是非线性系统中常用的一种递推滤波算法。该算法利用泰勒级数展开,将描述航天器运动规律的动力学方程和测量航天器运动状态的测量方程进行线性化处理,然后再利用经典的卡尔曼滤波算法进行滤波解算。这种纯解析的处理方法虽然在原理上将非线性系统近似为线性系统,但线性化损失的精度往往很难定量确定,被忽略的高阶项实际上可能影响显著,从而导致滤波发散[12]。尤其是对于航天器运动这种复杂的非线性系统而言,EKF 算法得到的估计结果可能会发散而远远偏离待估参数的真值。为此需要改进 EKF 算法实现 AEKF 算法,即通过计算测量量的残差和待估参数的变化情况,自动调节 Q 矩阵和 R 矩阵,从而有效地控制滤波发散。下面详细给出具体算法和计算公式。

首先,将探测器状态方程(5-1)的解离散化,得到待估状态参数的离散状态方程:

$$X_k = f(X_{k-1}, w_{k-1}) \tag{6-1}$$

其中,X_k 表示 t_k 时刻的待估状态参数矢量,包含航天器运动状态、动力学参数和几何参数,具体选取为:航天器在地心天球参考系或历元月心天球坐标系中的位置速度矢量、接收机分别对 GPS 和 BDS 系统的钟差、太阳辐射压系数等。w_{k-1} 表示 t_{k-1} 时刻的动力学运动系统噪声,均值为零,协方差矩阵为 Q_k。

测量方程(5-2)可以写为:

$$Y_k = G(X_k, v_k) \tag{6-2}$$

其中,v_k 表示 t_k 时刻的测量噪声,均值为零,协方差矩阵为 R_k。

利用泰勒展开取一阶近似,将非线性状态方程和测量方程线性化为:

$$\begin{cases} x_k = \Phi_{k,k-1} x_{k-1} + W_k \\ y_k = H_k x_k + V_k \end{cases} \tag{6-3}$$

其中,$x_k = X_k - X_k^*$,$y_k = Y_k - Y_k^*$,X_k^* 和 Y_k^* 分别为状态矢量和测量矢量的参考值。W_k 和 V_k 均为零均值白噪声,协方差矩阵分别为 $W_k Q_k W_k^T$ 和 $V_k R_k V_k^T$。

状态转移矩阵为:

$$\Phi_{k,k-1} = \begin{bmatrix} \Phi_r & 0 & \Phi_{c_r} \\ 0 & I_{\text{clk}} & 0 \\ 0 & 0 & I_{c_r} \end{bmatrix} \tag{6-4}$$

其中，$\boldsymbol{\Phi}_r$ 为航天器位置速度矢量的转移矩阵，$\boldsymbol{\Phi}_{c_r}$ 为航天器位置速度关于太阳辐射压的转移矩阵，两个单位子矩阵分别为接收机钟差和太阳辐射压系数的转移矩阵。

自主导航中采用的 GNSS 伪距测量量观测矩阵为：

$$\boldsymbol{H}_k = \begin{bmatrix} \dfrac{X_k - X_G^1}{\rho_k^1} & \dfrac{Y_k - Y_G^1}{\rho_k^1} & \dfrac{Z_k - Z_G^1}{\rho_k^1} & 0 & T_{\text{clk}} & 0 \\ \dfrac{X_k - X_G^2}{\rho_k^2} & \dfrac{Y_k - Y_G^2}{\rho_k^2} & \dfrac{Z_k - Z_G^2}{\rho_k^2} & 0 & T_{\text{clk}} & 0 \\ \vdots & \vdots & \vdots & \vdots & \vdots & \vdots \\ \dfrac{X_k - X_G^m}{\rho_k^m} & \dfrac{Y_k - Y_G^m}{\rho_k^m} & \dfrac{Z_k - Z_G^m}{\rho_k^m} & 0 & T_{\text{clk}} & 0 \end{bmatrix} \quad (6\text{-}5)$$

其中，$[X_k \quad Y_k \quad Z_k]$ 为探测器在地心天球参考系或太阳系质心天球参考系中的位置矢量，$[X_G^i \quad Y_G^i \quad Z_G^i]$ 为 t_k 时刻可见的第 i 个 GNSS 卫星在地心/太阳系质心天球坐标系中的位置矢量（需要将导航卫星星历进行坐标转换得到），ρ_k^i 为 t_k 时刻可见的第 i 个 GNSS 卫星到探测器的距离，该时刻共可见 m 个 GNSS 卫星。T_{clk} 为测量量对接收机钟差的偏导数，对 GPS 和 BDS 卫星分别为 $[1 \quad 0]$ 和 $[0 \quad 1]$。

根据 EKF 算法，滤波过程包含时间更新和测量更新两部分。其中，时间更新是向前推算当前状态矢量和误差协方差估计值，为下一个时刻的状态矢量构造先验估计，相当于预估；测量更新是将先验估计和新的测量量结合，构造改进的后验估计，相当于校正。因此，滤波算法也可以看成是具有数值解的预估-校正算法。时间更新方程为：

$$\begin{cases} \hat{\boldsymbol{x}}_{k,k-1} = f(\hat{\boldsymbol{x}}_{k-1}) \\ \boldsymbol{P}_{k,k-1} = \boldsymbol{\Phi}_{k,k-1} \boldsymbol{P}_{k-1} \boldsymbol{\Phi}_{k,k-1}^{\text{T}} + \boldsymbol{W}_k \boldsymbol{Q}_{k-1} \boldsymbol{W}_k^{\text{T}} \end{cases} \quad (6\text{-}6)$$

测量更新方程为：

$$\begin{cases} \boldsymbol{K}_k = \boldsymbol{P}_{k,k-1} \boldsymbol{H}_k^{\text{T}} (\boldsymbol{H}_k \boldsymbol{P}_{k,k-1} \boldsymbol{H}_k^{\text{T}} + \boldsymbol{V}_k \boldsymbol{R}_k \boldsymbol{V}_k^{\text{T}})^{-1} \\ \hat{\boldsymbol{x}}_k = \hat{\boldsymbol{x}}_{k,k-1} + \boldsymbol{K}_k (\boldsymbol{y}_k - G(\hat{\boldsymbol{x}}_{k,k-1})) \\ \boldsymbol{P}_k = (\boldsymbol{I} - \boldsymbol{K}_k \boldsymbol{H}_k) \boldsymbol{P}_{k,k-1} \end{cases} \quad (6\text{-}7)$$

其中，$\hat{\boldsymbol{x}}_{k,k-1}$ 和 $\hat{\boldsymbol{x}}_k$ 分别为先验和后验估计状态矢量，$\boldsymbol{P}_{k,k-1}$ 和 $\boldsymbol{P}_k$ 分别为先验和后验误差协方差矩阵，$\boldsymbol{K}_k$ 为增益矩阵。

通过逐步进行时间更新和测量更新可以实现对待估状态参数的滤波估计。由式(6-7)可知，测量噪声协方差矩阵中的元素 R 越小，增益矩阵中的

元素 K 越大;而先验误差协方差矩阵中的元素 P 越小,增益矩阵中的元素 K 越小。这说明测量噪声越小,则测量量的权重越大;而先验误差协方差越小,则测量量的权重越小,测量量先验值的权重越大。

为了避免滤波发散,需要在时间更新后自适应调节系统噪声协方差矩阵 Q_k 和测量噪声协方差矩阵 R_k 来削弱未知外部干扰对滤波性能的不利影响。矩阵 Q_k 和 R_k 的每个元素自适应调整公式为:

$$\begin{cases} Q_k(i,j) = \begin{cases} \dfrac{1}{k}\sum_{m=1}^{k}\left[(\Delta x_m^i - E(\Delta x_i)) \cdot (\Delta x_m^j - E(\Delta x_j))\right], & \mathrm{tr}(C_k) > \mathrm{tr}(D_k) \\ Q_k(i,j), & \mathrm{tr}(C_k) \leqslant \mathrm{tr}(D_k) \end{cases} \\ R_k(i,j) = \begin{cases} \dfrac{1}{k}\sum_{m=1}^{k}\left[(\Delta y_m^i - E(\Delta y_i)) \cdot (\Delta y_m^j - E(\Delta y_j))\right], & \mathrm{tr}(C_k) > \mathrm{tr}(D_k) \\ R_k(i,j), & \mathrm{tr}(C_k) \leqslant \mathrm{tr}(D_k) \end{cases} \end{cases}$$

(6-8)

其中,$\Delta x_m^i = \Delta \hat{x}_m^i - \Delta \hat{x}_{m,m-1}^i$ 为待估参数 x_i 在 t_m 时刻的先验估计和后验估计的偏差,$E(\Delta x_i)$ 为 Δx_m^i 的数学期望。$C_k = E[(\Delta y_k - E(\Delta y_k)) \cdot (\Delta y_k - E(\Delta y_k))^\mathrm{T}]$ 为滤波残差 $\Delta y_k = y_k - G(\hat{x}_{k,k-1})$ 的方差矩阵,$D_k = H_k P_{k,k-1} H_k^\mathrm{T} + V_k R_k V_k^\mathrm{T}$ 为滤波误差协方差矩阵。Q_k 和 R_k 是否调整的判据是 C_k 的迹是否大于 D_k 的迹。

如果滤波残差增大使得 C_k 的迹大于 D_k 的迹,则说明实际的测量噪声协方差显著大于其理论值,需要对测量噪声协方差矩阵进行重置,即增大测量噪声协方差矩阵,从而优化滤波增益矩阵 K_k,增大实际测量信息的修正作用。反之则不对测量噪声协方差矩阵进行重置,从而发挥系统先验估计的作用,克服测量噪声的不利影响。

在首次启动滤波或者根据星上载荷工作安排 GNSS 接收机重启时,需要先对待估状态参数进行初始化。如果星载 GNSS 接收机能够捕获跟踪足够多的 GNSS 卫星,则可使用单历元几何定位结果作为初值。同时也可以利用地基测量数据定轨预报结果作为初值进行滤波初始化,或者基于短弧批处理算法,利用 3～5min 的 GNSS 测量数据确定探测器的初轨作为初值。考虑到星上计算能力的限制,在批处理定初轨时,使用 GNSS 星间差分伪距测量量以消除接收机钟差,仅估计探测器位置速度矢量[13]。

此外在满足精度要求的前提下,探月飞行器的自主定轨策略可以在动力学模型和积分器选择上较精密定轨做相应简化。例如,可以选择 50×50 阶次的月球引力场,选择解析历表计算大天体位置,积分器可以选择计算速度快的单步法 RKF7(8)数值积分器等。

对于环月探测器存在月球遮挡的弧段以及信号强度低于捕获门限等其他原因导致 GNSS 接收机无法获取观测数据的情况，可以将系统时间更新（主要是动力学积分）结果作为导航解，等到获取到测量数据后，继续按照 AEKF 算法进行滤波估计。

至此，完成了自主导航算法的全部过程，该算法不仅适用于 GNSS 测量数据，同样也可以处理地基测量数据，具体的流程如图 6-1 所示。

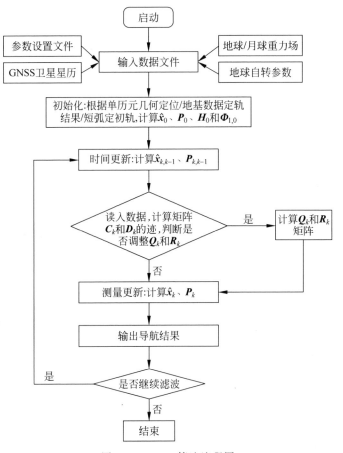

图 6-1　AEKF 算法流程图

下面给出利用自主定轨算法对 CE-5T1 探测器的实测 GNSS 数据和地基测量数据进行处理分析的具体结果。

6.2 CE-5T1 转移轨道段实测数据分析

选取 CE-5T1 探测器获取的地月和月地转移轨道段 GNSS 测量数据，利用 6.1 节给出的自主导航算法进行定轨，评估基于 GNSS 的自主导航精度。在滤波估计时选取的动力学模型、数据弧段、数据类型等均与 5.4 节精密定轨（事后批处理，下同）情况一致。由此得到滤波后星间差分伪距的残差 RMS 分别为 12.8m（弧段 1）和 7.7m（弧段 2），比精密定轨后残差略大（精密定轨后残差 RMS 分别为 8.1m 和 5.7m），如图 6-2 所示。

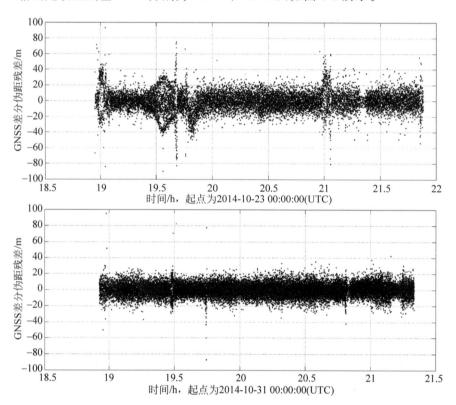

图 6-2　滤波后 CE-5T1 实测差分伪距数据的残差图

将弧段 1 的滤波估计结果与 5.4 节的精密定轨结果进行比较可以发现：由于滤波算法是逐个处理观测量，因此在滤波开始时估计精度较差，随着观测量的累积，定轨结果约 15min 后逐渐收敛，但滤波估计结果容易受到观测量噪声的影响，如表 6-1 和图 6-3 所示。由于弧段 1 处于地月转移初期,CE-5T1 探测器需要进行多次调姿,接收机天线指向也会随之变化,从而影响 GNSS 接收机接收信号的强度,测量量噪声会因此变大,滤波估计结果与精密定轨结果的误差也将明显变大。根据 CE-5T1 探测器的姿态信息,探测器在 2014-10-23 19:43/20:02/20:44/21:21/21:50 时刻姿态均有变化,这与图 6-2 中残差变化情况以及图 6-3 中滤波估计误差增大的时刻均有对应。但是测量数据噪声平稳后,滤波估计结果也会很快收敛(通常只需 1~2 测量时刻的数据)。统计滤波估计结果与精密定轨结果的差异可得,全弧段定轨误差 RMS 为:位置误差 130.50m,速度误差 0.33m/s;扣除滤波开始时不稳定部分和测量量噪声较大的部分,统计滤波稳定后的轨道误差 RMS 为:位置误差 53.53m,速度误差 8.51cm/s。

此外,选取 2014-10-23 18:18—2014-10-24 08:20 弧段的地基测量数据精密定轨结果作为基准轨道,评估 GNSS 测量数据滤波结果的精度,结果如图 6-3 所示。滤波估计结果与基准轨道的位置误差 RMS 为 142.36m,速度误差小于 0.32m/s。从图 6-3 中可见,滤波估计结果受测量数据噪声变化的影响较大,而精密定轨在一定程度上更能够适应测量噪声的变化。

表 6-1 CE-5T1 实测数据弧段 1 滤波估计结果与精密定轨结果的比较

轨道比较弧段	位置误差 RMS/m				速度误差 RMS/(cm·s^{-1})			
	R 方向	T 方向	N 方向	总合	R 方向	T 方向	N 方向	总合
全弧段	111.43	65.65	17.41	130.50	3.48	32.42	5.78	33.12
滤波稳定弧段	45.49	23.86	15.06	53.53	0.67	8.31	1.72	8.51

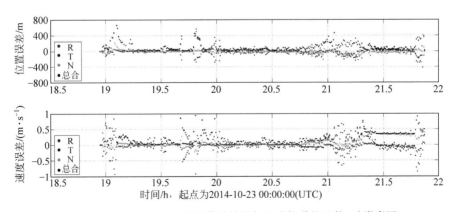

图 6-3 CE-5T1 中弧段 1 滤波估计结果与基准轨道的比较(后附彩图)

将弧段 2 的滤波估计结果与 5.4 节的精密定轨结果进行比较,可以发现:随着测量数据不断累积,约 50min 后滤波估计逐渐收敛,最终达到与精密定轨结果相当的精度,如表 6-2 所示。由于弧段 2 处于月地转移后期的关键弧段内,CE-5T1 探测器飞行姿态比较稳定,仅有个别测量数据噪声增大,因此对滤波估计结果影响较小。对滤波估计结果与精密定轨结果的差异进行统计,全弧段定轨误差的 RMS 为:位置误差 129.16m,速度误差 3.65cm/s;扣除滤波开始时不稳定部分,统计滤波稳定后的轨道误差 RMS 为:位置误差 30.89m,速度误差 0.85cm/s。

选取 2014-10-31 00:56—21:20 弧段的地基测量数据精密定轨结果作为基准轨道,评估 GNSS 测量数据滤波结果的精度,如图 6-4 所示。滤波估计结果与基准轨道的位置误差 RMS 为 152.10m,速度误差小于 2.95cm/s。

表 6-2　CE-5T1 实测数据弧段 2 滤波估计结果与精密定轨结果的比较

轨道比较弧段	位置误差 RMS/m				速度误差 RMS/(cm·s^{-1})			
	R 方向	T 方向	N 方向	总合	R 方向	T 方向	N 方向	总合
全弧段	126.16	14.48	23.60	129.16	2.83	0.56	2.24	3.65
滤波稳定弧段	28.30	7.20	10.08	30.89	0.63	0.23	0.53	0.85

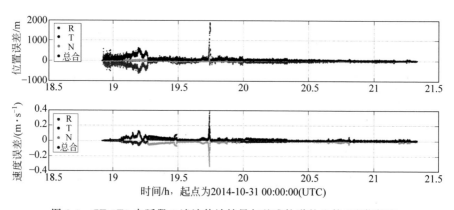

图 6-4　CE-5T1 中弧段 2 滤波估计结果与基准轨道的比较(后附彩图)

对于弧段 1 和弧段 2 的 GNSS 测量数据进行滤波估计,经分析可以得到以下结论:

1) 对于地月/月地转移轨道,开始有测量数据后,滤波估计结果逐渐收敛。由于月地转移段弧段 2 开始时相对地月转移段弧段 1 开始时的可见星数量更少、测量几何更差,故弧段 2 滤波稳定时间(50min)比弧段 1(15min)长。

2）探测器姿态变化等引起的测量数据噪声变化会使滤波估计误差明显增大，当噪声正常的测量数据加入后，滤波估计结果会快速收敛至滤波稳定精度。

3）相比较而言，地月转移段根据短弧定轨确定的滤波初值速度误差较月地转移段速度初值误差要大，该误差会影响滤波速度估计值的精度，故弧段 1 滤波速度误差大于弧段 2。

4）考虑到转移轨道段利用地基测距/测速＋VLBI 干涉测量数据进行长弧事后精密定轨的位置精度为百米量级，那么本节利用 AEKF 算法得到的滤波稳定后估计结果的精度与精密定轨相当。

6.3　CE-5T1 环月轨道段实测数据分析

CE-5T1 探测器在拓展任务期间开展了环月轨道测定轨试验以评估不同环月轨道定轨预报精度，为 CE-5 任务月球轨道交会对接段测定轨精度评估提供实测数据验证。为了验证自主定轨算法对环月探测器定轨结果的有效性，本节选取 CE-5T1 在 5 种不同类型环月轨道的实测数据进行滤波估计，轨道信息和每两次变轨之间的弧长如表 6-3 所示。由于在 CE-5T1 拓展任务期间 GNSS 接收机没有工作，因此环月轨道段并未获取到 GNSS 测量数据，故仅对地基测量数据进行滤波估计以验证自主定轨算法对环月轨道地基测量数据处理的正确性。

表 6-3　CE-5T1 拓展任务环月段轨道信息

项　目	轨　道　类　型	轨道倾角/(°)	两次变轨之间的弧长/h
情形 1	220km×170km	21	6.5
情形 2	320km×200km	21	23
情形 3	320km×200km	21	16.5
情形 4	230km×170km	18	22
情形 5	200km×130km	18	21.5

注：轨道倾角是在历元月心天球坐标系中表示的，见表 4-12。

首先给出情形 1 的滤波估计结果。可用的地基测量数据约为 6.5h，包括上海-昆明、上海-乌鲁木齐和昆明-乌鲁木齐 3 条 CVN 基线的 VLBI 干涉测量数据和佳木斯、喀什 2 个深空站的测距/测速数据，滤波后测量数据的残差如图 6-5 所示。由于月球遮挡，每隔 1h 会出现数据中断现象。将滤波估计星历与精密定轨星历进行比较，位置误差 RMS 为 44.38m，如图 6-6 所示。滤波开始 30min 后逐渐收敛，在月球遮挡弧段没有测量数据，利用动力学模型进行轨道预报,预报精度逐渐变差至千米量级。但是当探测器出月球遮挡后新的测量数据加入,滤波结果又可以迅速收敛(1~2个测量时刻的数据即可)。这是由于动力学预报时,将之前定轨的信息通过误差协方差矩阵传递并保留到新的时刻。

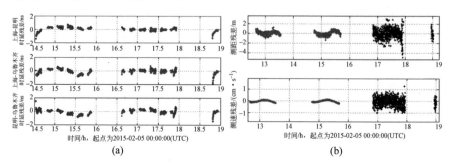

图 6-5　CE-5T1 环月段滤波后地基测量数据残差(情形 1)

(a) VLBI 数据;(b) 测距测速数据

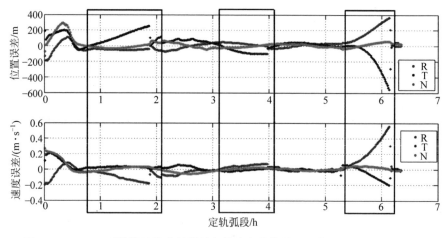

图 6-6　CE-5T1 环月段滤波估计结果与精密定轨结果的比较(情形 1,后附彩图)

对于情形 2,两次变轨之间的定轨弧段为 23h,但是由于月球遮挡,每测量 1h 会中断 40min,此外探测器飞出国内测控覆盖区后还存在约 12h 的数据中断。可用的地基测量数据类型和情形 1 相同,实际可用的数据弧段约为 6h,其中 VLBI 干涉测量数据仅 4h。滤波后测量数据的残差如图 6-7 所示。将滤波估计星历与精密定轨星历进行比较,结果如图 6-8 所示。滤波开始 30min 后收敛,但在月球遮挡弧段预报精度逐渐变差,而且在长达 12h 的国外测控弧段预报轨道进一步发散至 20km 量级(主要在 T 方向)。一旦探测器回到国内测控区,有新的测量数据加入后,滤波结果快速收敛(约 5min)。收敛弧段内,滤波估计星历与精密定轨星历的位置误差 RMS 为 37.55m。

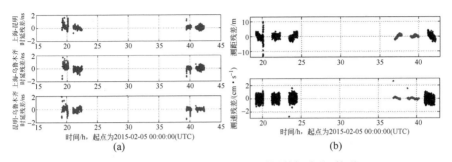

图 6-7 CE-5T1 环月段滤波后地基测量数据残差(情形 2)
(a) VLBI 数据;(b) 测距测速数据

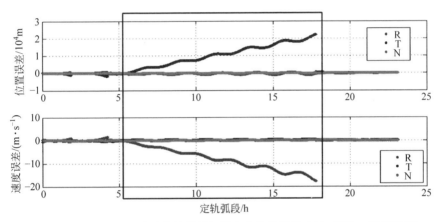

图 6-8 CE-5T1 环月段滤波估计结果与精密定轨结果的比较(情形 2,后附彩图)

对情形 1~情形 5 各轨道段的地基测量数据进行滤波估计,比较滤波稳定弧段与精密定轨结果(见表 6-4),经分析可以得到以下结论:

1) 对轨道周期约为 2h 的环月探测器,滤波开始有测量数据 30min 后,滤波估计逐渐收敛。

2) 考虑到环月轨道段利用地基测距/测速+VLBI 干涉测量数据进行长弧事后精密定轨的位置精度约为 30m,那么本节利用 AEKF 算法得到的滤波稳定后估计结果的精度与精密定轨相当。

3) 月球遮挡和国内测控覆盖有限所引起的地基测量数据中断(长达 1h 或 12h)会使轨道预报误差明显增大,但新的测量数据加入后,滤波估计会快速收敛至滤波稳定精度。

4)仅利用单站测距/测速数据进行滤波,轨道位置误差会达到约295m;而有VLBI数据将使轨道位置误差降低到约50m。说明VLBI数据对环月探测器滤波估计精度的提高有明显作用。

表6-4 不同类型环月段滤波结果与精密定轨结果的比较

项 目	测量数据类型	位置误差 RMS/m			
		R方向	T方向	N方向	总合
情形1	测距/测速+VLBI	6.70	31.55	30.48	44.38
情形2	测距/测速+VLBI	21.19	25.49	17.64	37.55
情形3	测距/测速	247.16	142.23	75.88	295.09
情形4	测距/测速	27.83	92.39	117.80	152.27
情形5	测距/测速+VLBI	32.62	38.33	9.93	51.30

6.4 本章小结

本章采用自适应扩展卡尔曼滤波算法,利用动力学模型建立时间更新方程,在月球遮挡或无法实现跟踪测量时预报航天器状态矢量并保留误差协方差矩阵,一旦有新的测量信息加入可快速收敛。同时,该算法通过实时计算测量量的残差和待估参数的变化情况,自动调节 Q 矩阵和 R 矩阵,可有效控制滤波发散。

基于AEKF算法实现了GNSS+地基测量数据的月球探测器自主定轨,对CE-5T1实测数据进行滤波处理,评估了地月/月地转移段和环月段自主导航的精度。利用GNSS或地基测量数据均可实现AEKF滤波收敛,其中地月转移段收敛时间约为15min,月地转移段收敛时间约为50min,环月段收敛时间约为30min。在环月轨道段,观测数据间断对后续恢复观测后弧段的滤波精度和滤波收敛时间的影响有限:对于月球遮挡造成的每圈约40min的数据中断,只需恢复正常测量后取得1~2个时刻的测量数据即可恢复;对于国外无地面站跟踪造成的约12h的数据中断,重新开始测量5min后即可恢复。当测量数据噪声稳定时,滤波估计与精密定轨结果精度相当,转移轨道段和环月段分别可以达到位置误差约130m和30m。

根据本章的分析结果,用于支持月球探测器导航的GNSS接收机应该具备单历元几何定位和短弧批处理定初轨能力以提供滤波初值。同时还应具备轨道动力学外推功能,能够在月球遮挡或无法实现跟踪测量时预报航天器状态矢量并保留误差协方差矩阵,确保加入新的测量信息时滤波能够继续收敛。

参考文献

[1] KONIN V, SHYSHKOV F. Autonomous navigation of service spacecrafts on geostationary orbit using GNSS signals[J]. Radioelectronics and Communications Systems, 2016, 59: 562-566.

[2] MARMET F X, MAUREAU J, CALAPRICE M, et al. GPS/Galileo navigation in GTO/GEO orbit[J]. Acta Astronautica, 2015, 117: 263-276.

[3] QIAO L, LIM S, RIZOS C, et al. A multiple GNSS-based orbit determination algorithm for geostationary satellites[C]//IGNSS symposium. [S. l. : s. n.], 2009.

[4] 柳丽,王威,杨洋,等.星载GPS确定GEO卫星轨道滤波方法研究[C]//第二届中国卫星导航学术年会论文集.上海:[出版者不详],2011.

[5] 张万威,徐其超.基于GNSS的地球静止轨道卫星自主定轨仿真研究[C]//第五届中国卫星导航学术年会论文集.南京:[出版者不详],2014.

[6] 刘也,余安喜,朱炬波,等.弹道目标实时跟踪中的滤波方法综述[J].宇航学报,2013,34(11):1417-1426.

[7] JULIER S J. The spherical simplex unscented transformation[C]//Proceedings of the 2003 American Control Conference. [S. l.]: IEEE, 2003, 3: 2430-2434.

[8] 康德功,谢刚,程兰.基于模糊自适应卡尔曼滤波的平滑伪距算法[J].计算机仿真,2014,31(5):385-388.

[9] 赵小鲂,郑晋军,李鹏,等.基于GNSS的GEO轨道航天器自主定轨技术研究[C]//第五届中国卫星导航学术年会论文集.南京:[出版者不详],2014.

[10] PSIAKI M L, JUNG H. Extended Kalman filter methods for tracking weak GPS signals[C]//Proceedings of the 15th international technical meeting of the satellite division of the Institute of Navigation. [S. l. : s. n.], 2002: 2539-2553.

[11] 尚琳,刘国华,张锐,等.基于BP神经网络的自主定轨自适应Kalman滤波算法[J].宇航学报,2013,34(7):926-931.

[12] 邢楠,李培佳,王小亚,等.空间飞行器的多普勒实时自主定轨精度分析[J].飞行器测控学报,2011,30(1):66-73.

[13] 吴军伟.高灵敏度GNSS接收机捕获算法研究及FPGA实现[D].北京:北京邮电大学,2012.

第7章

GNSS应用于深空测控的关键技术

根据我国未来无人和载人月球探测、行星探测工程等任务规划,未来五到十年,我国将持续全面开展嫦娥系列月球探测、天问系列行星探测以及载人登月等多项月球与深空探测活动[1-4]。届时,同时在轨的月球与深空探测器的数量将急剧增加,且任务周期也会长达数月、数年,甚至数十年。实时、准确地获得探测器位置、速度和时间等导航信息是顺利开展地月空间探测的重要基础[5-6]。仅利用传统的地基深空测控网对数十个探测器同时进行跟踪测量,将面临测控资源紧缺的难题,无法满足高精度导航的需求,而扩充地基测控资源的建设和维护成本又非常高。为此,本书前 6 章详细论述了基于 GNSS 的月球探测器导航技术。GNSS 系统作为地基深空测控网的有益补充,可以在不大幅增加任务成本的前提下,进一步提升月球探测器导航的可靠性和精度。目前,国际各大航天和科研机构也都在积极推进基于 GNSS 的地月空间导航技术研究与应用[7-9],以降低对地基深空测控资源的占用。由此释放出来的地基深空测控资源可以更加有效地支持行星探测等更远的深空探测活动。

本章在前述基础上,从高灵敏度 GNSS 接收机技术和地面辅助 GNSS 导航技术两个方面介绍相关的关键技术,进一步解决月球探测器 GNSS 接收信号弱、动态范围大、可见星数量少等问题[10-12],以提升 GNSS 技术在月球探测器导航中的可用性。

7.1 高灵敏度 GNSS 接收机技术

现有成熟的星载 GNSS 接收机多是针对地球低轨场景而设计,也有一些 GNSS 接收机能够适应高轨应用场景。但是为了适应接收信号更加微弱、动态范围变化更大的地月空间导航场景,还需要从信号快速捕获、跟踪技术和电文解调技术等方面开展相关研究。

7.1.1 高灵敏度 GNSS 信号快速捕获技术

适用于月球探测的高灵敏度 GNSS 信号快速捕获技术,相较成熟的地球低轨场景的 GNSS 信号捕获技术而言,需要增加积分累积时间、进行动态补偿、克服导航电文数据翻转效应等,并且要权衡相干积分时间、非相干积分增益和信号捕获时间。为此,本章建议采用基于快速傅里叶变换(fast Fourier transform,FFT)的并行码相位搜索算法(parallel code phase search,PCS),选取 20 分支的全比特法来消除导航电文数据翻转对捕获性能的影响,并采用动态补偿方式弥补加速度带来的相关值恶化。由此实现对输入信号的码相位、载波频率和位边沿同时进行捕获。

首先,在载波频率维度,使用串行捕获方法遍历待搜索频率槽,本地复制码频偏要随着载波频偏进行等比例调整,以削弱码频率不匹配引起的相关损失。其次,在码相位维度,为消除导航电文数据翻转效应,使用双块补零法(double block zero padding)对输入信号进行处理,生成不同码相位对应的相关值。再次,在 20 种不同的位边沿假设条件下,将相关值进行相干累积和多次非相干累积得到捕获检测量。最后,对不同载波频点、码相位、位边沿的捕获检测量进行判决以完成 GNSS 信号的捕获。

在此基础上,利用第 6 章的自主导航算法对接收机的运动状态和时钟状态进行高精度计算和预测,结合 GNSS 导航星历信息,计算生成可见星列表、可见星载波多普勒及多普勒变化率、可见星信号功率估计值等先验信息,从而快速实现 GNSS 信号捕获。

7.1.2　高灵敏度 GNSS 信号稳定跟踪技术

适用于月球探测的 GNSS 接收机要实现弱信号稳定跟踪和高精度测量,需要从增加相干积分时间、缩小环路滤波带宽等方面对环路跟踪方法进行改进。首先,增加相干积分时间可以有效提高环路鉴别器的信噪比,从而提升测量精度和跟踪灵敏度。但是这会提高对初始多普勒估计精度的要求,而且相干积分时间的长度还受到导航电文比特跳变的限制,不能无限加长。其次,缩小环路滤波带宽可以减小跟踪环路的噪声,但同时也降低了跟踪环路的动态适应能力,提高了对 GNSS 接收机频率源稳定度的要求。

综合考虑这些因素,本章建议采用基于扩展卡尔曼滤波的 GNSS 信号跟踪技术,根据测量性能和估计精度实现环路噪声带宽的动态调节,并减弱由鉴相器引入的非相干损失,从而提升跟踪精度。对传统锁相环技术和基于扩展卡尔曼滤波的环路跟踪技术进行弱信号跟踪测试,结果表明,基于扩展卡尔曼滤波的环路跟踪算法的信号跟踪灵敏度提高了 4dB。但是该算法的计算过程包含大量矩阵运算,在同时跟踪多颗导航卫星时,GNSS 接收机的处理器计算开销较大。因此,设计月球探测器 GNSS 接收机时需要预先考虑这一点,以具备足够的计算能力。

此外,为实现 GNSS 信号稳定跟踪,码环路跟踪可以采用载波环路辅助。这是由于 GNSS 信号的载波环路跟踪已经消除了信号的大部分动态,利用载波环路辅助码环路跟踪时,可以采用较小的码环带宽以提升码环路跟踪精度。同时,采用窄相关技术可进一步提高码环路跟踪精度,从而提高接收机的伪距跟踪性能。

7.1.3 高灵敏度帧同步及电文解调技术

适用于月球探测的 GNSS 接收机要正确计算导航星的位置、速度、时间等信息,需要在极低信号功率条件下完成帧同步和导航电文解调。通常导航电文正确解调所需的信号功率如表 7-1 所示。

表 7-1 常规方法电文解调所需信号功率

序号	GNSS	信号	最低解调灵敏度/dBW	对应误码率
1	GPS	L1 C/A	-180	7.7×10^{-4}
2	BDS	B1I	-180	7.7×10^{-4}
3	BDS	B1C	-179	7.7×10^{-4}

当 GNSS 信号接收强度为 -185dBW 时,以 GPS L1 C/A 信号为例,其导航电文比特宽度为 20ms,对应的信噪比仅约为 2dB(对应误码率为 0.037),低于完成帧同步和电文正常解调所需信噪比 $7\sim8$dB(对应误码率为优于 1×10^{-3})。

为此,可以利用广播电文的重复播发特性。以 GPS L1 C/A 信号为例,其 1 帧广播电文每 30s 循环播发,依次包含 5 个 6s 的子帧。其中,每个子帧都包含相同的帧头以及连续变化的周内秒信息;子帧 1 到子帧 3 为广播星历,每 2h 更新一次。在更新间隔内每 30s 的电文帧中,子帧 1 到子帧 3 的内容完全相同。利用帧头 6s 重复播发特性,可进行多次累积寻找正确的帧头位置。例如,若连续存储多帧(10×30s)原始电文比特,所存储的原始电文中就包含 50 个帧头。将原始电文比特按照 6s 折叠后再进行帧头搜索,等价于将帧头的信噪比提升至 17dB,解决了弱信号的帧同步问题。

子帧 1 到子帧 3 中的广播星历同样可通过先累积再解调的方式降低误码率。10 次累积可将信噪比提升至 12dB,对应误码率优于 1×10^{-8},优于解调门限。但是,由于导航电文在编排时每个子帧的周内秒都逐帧自加,导致不同位置的信息存在不同周期的规律翻转,因此无法通过直接累积的方式提升周内秒的信噪比,但可利用此翻转规律对不同位置的数据进行分别累积后再组合,从而实现信噪比的提升。在弱信号场景下,对上述帧同步和导航电文解调技术进行半物理性能测试,结果表明,在 -185.3dBW(18.7dB-Hz)信号电平下,帧同步和周内秒解调的正确率都可以达到 100%。

7.2 地面辅助 GNSS 导航技术

将 GNSS 直接应用于月球探测器实时导航的难点在于位置精度因子差、可用的 GNSS 信号强度低,难以支持 GNSS 信号快速捕获和导航星历解调。地面站作为支持月球探测的重要基础设施,与 GNSS 导航卫星相比具有更强的信号发射能力。如果基于 GNSS 辅以地面站信息则有助于实现月球探测器导航定位。基于地面辅助的 GNSS 导航技术原理如图 7-1 所示。一般过程是由地面站向月球探测器发送导航辅助信息并建立双向链路;月球探测器同时接收 GNSS 导航卫星和地面站发送的信号,联合进行实时定位。为此,需要开展辅助信号捕获方法、测控导航一体化设计等方面的研究。

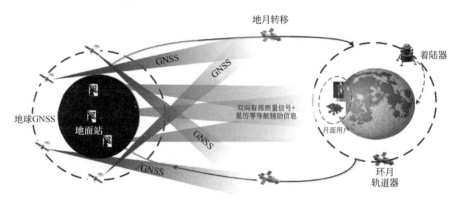

图 7-1 基于地面辅助的 GNSS 导航技术原理示意图

7.2.1 辅助月球探测器 GNSS 接收机信号捕获的方法

针对月球探测器接收 GNSS 信号弱、对接收机灵敏度要求高的难题,本章建议采用辅助月球探测器 GNSS 接收机信号捕获的方法,利用地面站将 GNSS 卫星的星历等辅助信息发送给月球探测器,从而提高导航信号接收灵敏度、缩短接收机首次启动时间。该方法基本原理如图 7-2 所示,具体方法如下。

首先,在我国月球探测任务现有的喀什、佳木斯、阿根廷以及青岛和纳米比亚等地面站各安装 1 台(套)兼容北斗、GPS 和 GLONASS 等系统的 GNSS 接收机,用于接收 GNSS 导航电文。以北斗卫星导航系统的导航电文为例,根据《北斗卫星导航系统空间信号接口控制文件公开服务信号(2.1

7.2 地面辅助 GNSS 导航技术 | 177

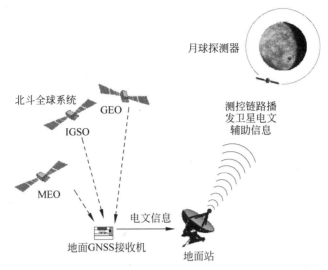

图 7-2 辅助月球探测器 GNSS 接收机信号捕获的方法示意图

版)》,北斗卫星播发的导航电文按速率和结构可以分为 D1 和 D2 两种,具体如表 7-2 所示。

表 7-2 北斗卫星导航系统的导航电文内容示例

序号	电文类型	信号	卫星类型	传输速率/(bit·s^{-1})	编码方案	电文编排结构	播发方式
1	D1	B1I、B3I	MEO、IGSO	50	BCH(15,11,1)+NH 码	基本结构为超帧、主帧与子帧。每个主帧包含 5 个子帧,长度为 1500bit	固定顺序播发,子帧 4 和子帧 5 分为 24 个页面播发
2	D2	B1I、B3I	GEO	500	BCH(15,11,1)		固定顺序播发,子帧 1 分 10 个页面播发,子帧 2~子帧 4 分 6 个页面播发,子帧 5 分 120 个页面播发

D1 导航电文由 MEO/IGSO 卫星播发,内容包含基本导航信息(本卫星基本导航信息、全部卫星星历信息以及与其他系统的时间同步信息等)。

D2 导航电文由 GEO 卫星播发,内容包含基本导航信息和增强服务信息(北斗系统的差分及完好性信息和格网点电离层信息等)。北斗卫星播发的导航电文中包含本卫星的详细位置时间信息(星历)、其他卫星的粗略信息(历书)以及与其他系统的时间同步信息等内容。

D1 和 D2 导航电文每帧电文长度均为 1500bit,D1 导航电文速率为 50bit/s,D2 导航电文速率是 500bit/s。因此,D1 导航电文每帧播发周期为

30s，卫星星历和钟差参数包含在子帧 1～子帧 3 中，完整接收一次需 30s；D2 导航电文每帧播发周期为 3s，卫星星历和钟差参数分散编排在子帧 1 的 10 个页面中，完整接收也需要 30s。

同时，这些地面站可以接收飞行控制中心发布的探测器星历信息，主要包括时间信息、位置和速度分量信息等，如表 7-3 所示。该信息在实际任务中也由飞行控制中心实时传送给地面站用于测控设备的引导，因此不额外增加飞行控制中心和地面站及通信网络的工作量。

表 7-3 月球探测器星历信息内容

序号	参数名称	量化单位	说明
1	数据对应时刻	0.1ms	该帧数据对应的绝对时刻
2	X 方向位置分量	0.1m	
3	Y 方向位置分量	0.1m	
4	Z 方向位置分量	0.1m	
5	X 方向速度分量	0.01m/s	
6	Y 方向速度分量	0.01m/s	
7	Z 方向速度分量	0.01m/s	

地面站将接收到的 GNSS 导航电文和月球探测器星历信息综合生成辅助信息，并利用测控上行链路发送给月球探测器。具体信息内容如表 7-4 所示。

表 7-4 辅助信息及使用策略

序号	辅助内容	精度要求	接收机使用方法	预期效果
1	时间信息	优于 10s	1. 捕获动态辅助；	缩小捕获搜索范围以减小时间开销
2	月球探测器位置	优于 10km	2. 捕获星历辅助；	
3	月球探测器速度	优于 10m/s	3. 跟踪动态辅助	
4	GNSS 广播星历	—	1. 替代导航电文解析，用来计算 GNSS 导航星位置、速度； 2. 克服导航电文数据翻转效应，延长相干积分时间	1. 提高电文解调灵敏度； 2. 提升捕获灵敏度和跟踪灵敏度； 3. 热启动

月球探测器搭载的 GNSS 接收机从接收到的辅助信息中获取导航电文信息和接收机时间信息等，得到毫秒量级的信号到达时刻估计值以及原始导航电文比特流信息，从而识别出接收信号中的电文内容和跳变位置，用于消除导航电文数据翻转的影响，延长相干积分时间至 200ms，有效提升北斗导航信号捕获灵敏度约 20dB。

但由于相干积分时间延长导致搜索步进的减少与搜索次数的增多，因此需要利用辅助信息中的 GNSS 星历、月球探测器星历信息等计算可见导航星的多普勒和多普勒变化率,对接收信号进行动态补偿,将信号搜索范围缩小到 100Hz 量级,从而缩短捕获时间。

最后,利用基于 FFT 的并行码相位搜索算法完成信号捕获,捕获参数设置如表 7-5 所示。经过多次非相干积分后,可以获取到足够的检测信噪比。

表 7-5 基于辅助信息的高灵敏度捕获参数

序号	参数	设置值/仿真值	序号	参数	设置值/仿真值
1	目标灵敏度	-195dBW	6	非相干次数	100
2	载噪比	8.7dB-Hz	7	非相干损耗	1.684dB
3	相干积分时长	200ms	8	检测信噪比	17.92dB
4	实现损耗	2.12dB	9	检测率	98.8%
5	相干后信噪比	-0.4dB	10	漏警率	2.86×10^{-7}

根据表 7-5 中的捕获参数进行仿真,结果表明:基于辅助信息,GNSS 接收机能够快速捕获信号、接收电文,完成信号解调后即可开始导航定位,将首次启动时间减少到 1min 以内。而无辅助信息的情况,考虑信号捕获、导航电文接收和解调时间,接收机冷启动时间约为 10min。

可见采用该方法可以有效提高月球探测器 GNSS 接收机的捕获灵敏度、实现 GNSS 弱信号的快速捕获、缩短接收机首次启动时间、有效提高月球探测器 GNSS 导航定位性能。

7.2.2 月球探测器测控导航一体化设计

通常月球探测器上用于处理测控信号的是 S 频段测控应答机,它通过测控天线接收、发送测控信号,为月球探测器提供遥测、遥控和轨道测量支持。为实现 GNSS 导航,月球探测器需要搭载 L 频段 GNSS 接收机,通过导航天线接收 GNSS 信号,实现伪距测量和导航定位。此时测控信号和导航信号是分开处理的,分别独立实现测控和导航功能,未将 7.2.1 节中的导航辅助信息提供给 GNSS 接收机用于快速捕获弱信号、接收解调导航电文。为此,本节给出一种测控导航一体化设计方法,综合实现测控和 GNSS 导航信息的接收,在正常测控的同时进行联合测量与导航定位,提高月球探测器的一体化设计性能。具体的设计示意如图 7-3 所示。

探测器上的 S 频段测控天线接收来自地面站的测控上行信号,包含遥控等测控信息和伪距、站址、测距修正量、时间、GNSS 广播星历以及探测器

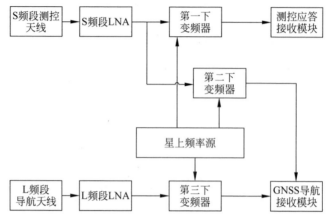

图 7-3 月球探测器测控导航一体化设计方法示意图

星历等导航辅助信息。其中，伪距可以给出地面站到探测器距离的测量值。站址用于计算地面站到探测器的距离。测距修正量包括钟差和信号传播延迟误差修正量，钟差为地面站原子钟与系统时的偏差量，系统时可选择协调世界时（UTC）或北京时（BJT）等；信号传播延迟误差修正量包括对流层和电离层对信号产生的折射误差修正量。时间、GNSS 广播星历和探测器星历等其他信息的作用见 7.2.1 节。

S 频段测控上行信号经 S 频段低噪声放大器（low noise amplifier, LNA）后分成两路。一路信号经第一下变频器转换为测控基带信号。测控应答机接收模块接收该信号并进行解调处理，获取测控信息，实现探测器正常测控。

另一路信号经第二下变频器转换为导航基带信号（导航辅助信息）。GNSS 导航接收模块接收该信号，经解调后获取导航辅助信息。同时，探测器上装载的 L 频段导航天线接收来自 GNSS 导航卫星的信号。该信号由 L 频段 LNA 放大后，经第三下变频器生成导航基带信号（卫星导航信息）。GNSS 导航接收模块基于导航辅助信息中的时间、GNSS 广播星历和探测器星历等信息，快速捕获导航基带信号，完成导航电文接收和解调。GNSS 接收机综合利用导航辅助信息中的伪距、站址、测距修正量等信息，得到地面站到探测器的测距量，同时利用 GNSS 导航信息得到导航卫星到探测器的测距量。最后，联合天地基两类测距数据，利用第 6 章自主导航算法实现月球探测器导航定位。

这种设计方法可以在月球探测器正常测控条件下，同时接收处理地面站辅助导航信息和 GNSS 卫星导航信息，既不影响现有测控性能，又能提升 GNSS 导航性能,实现了地面站和 GNSS 导航卫星天地基联合的月球探测器测量与导航。

综上所述,基于地面辅助的 GNSS 导航技术有利于 GNSS 弱信号快速捕获,可以有效提高月球探测器 GNSS 导航定位性能并实现测控导航一体化设计,在月球与深空探测中具有广阔的工程应用前景。

参考文献

[1] 吴伟仁,刘继忠,唐玉华,等.中国探月工程[J].中国学术期刊文摘,2021,27(1):5-10.
[2] 张荣桥,黄江川,赫荣伟,等.小行星探测发展综述[J].深空探测学报,2019,6(5):417-423.
[3] 李春来,刘建军,左维,等.中国月球探测进展(2011—2020 年)[J].空间科学学报,2021,1:68-75.
[4] 周建平,陆林,李泽越,等.载人月球探测轨道设计的挑战与技术发展趋势[J].空气动力学学报,2023,41(8):1-12.
[5] 于志坚,李海涛.月球与行星探测测控系统建设与发展[J].深空探测学报,2021,8(6):543-554.
[6] 段建锋,张宇,曹建峰,等.中国月球探测任务轨道确定技术及发展综述[J].中国学术期刊文摘,2021,27(1):11-14.
[7] STEVE P,EMMA R. Cislunar security national technical vision[R]. Washington, D.C.: John Hopkins University Applied Physics Laboratory,2022.
[8] 付毅飞.在月球上"蹭"GPS 总共分几步?[J].中国科技奖励,2020,4:74-75.
[9] 李悦霖.日本在地球同步轨道中测试 GPS 导航[J].国际航空,2021(4):76.
[10] 李晓婉,成芳,赵航,等.月球导航的卫星可见性及信号强度分析[J].测绘科学,2022,47(7):14-20.
[11] 杨洁,王新龙,陈鼎.一种适用于高轨空间的 GNSS 矢量跟踪方案设计[J].北京航空航天大学学报,2021,47(9):1799-1806.
[12] 卢克文,王新龙,申亮亮,等.高轨 GNSS 信号可用性分析[J].航空兵器,2021,28(1):77-86.

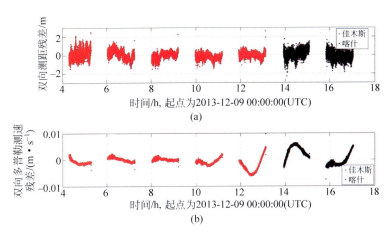

图 3-9 测距和多普勒测速数据分别联合 VLBI 数据定轨后残差

(a) 综合测距和 VLBI 测量数据定轨后 ρ 数据残差;(b) 综合多普勒测速和 VLBI 测量数据定轨后 $\dot{\rho}$ 数据残差

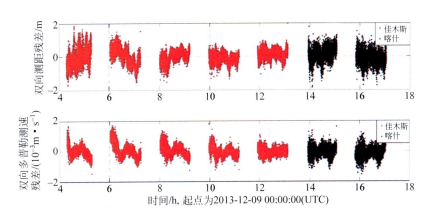

图 3-10 测距和时标偏差校准后的多普勒测速数据定轨残差

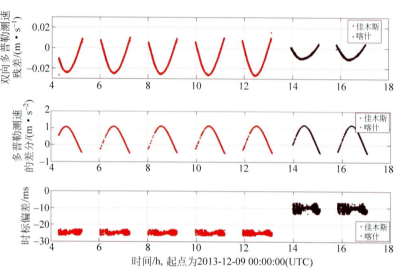

图 3-11 环月段深空站多普勒测速数据差分结果和计算的时标偏差值

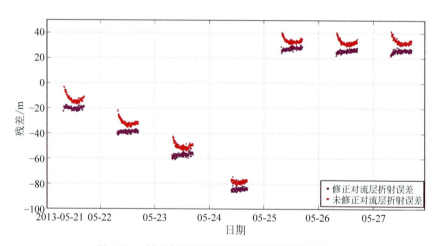

图 3-13 利用事后精密轨道计算的测距数据残差

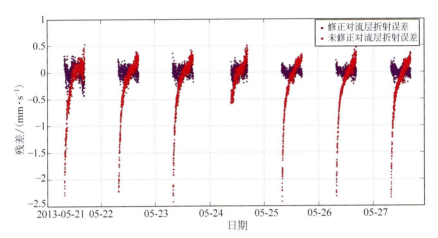

图 3-14 利用事后精密轨道计算的积分多普勒数据残差

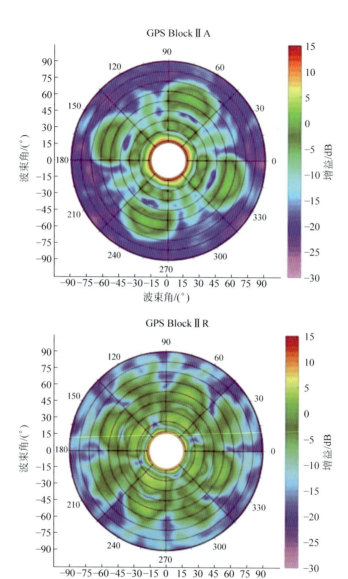

图 4-4 GPS 卫星典型发射天线增益方向图

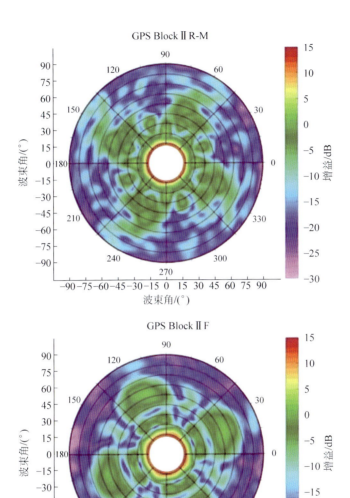

图 4-4(续)

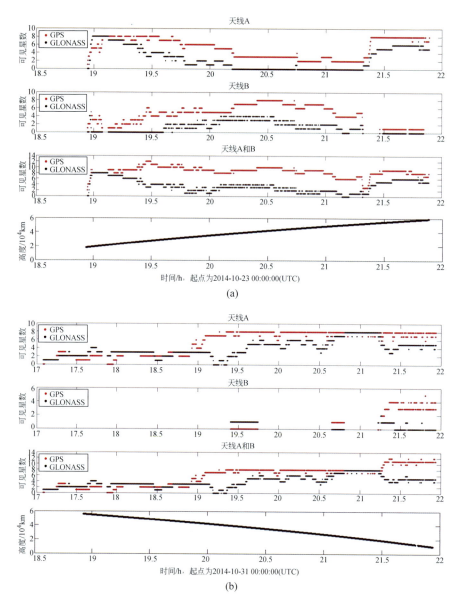

图 4-9 CE-5T1 探测器上接收机可见的 GPS 和 GLONASS 卫星数
(a) 弧段 1；(b) 弧段 2

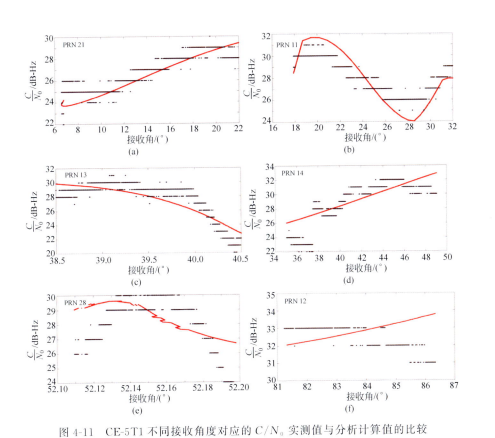

图 4-11 CE-5T1 不同接收角度对应的 C/N_0 实测值与分析计算值的比较
（红色线为计算值，黑色线为实测值）
（a）22°以下；（b）32°以下；（c）40.5°以下；（d）50°以下；（e）52°附近；（f）81°～87°

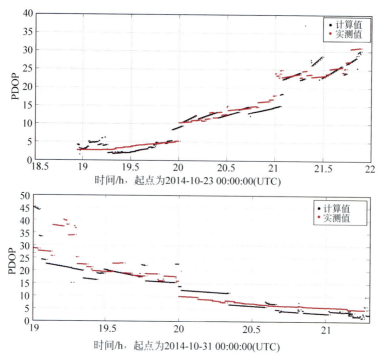

图 4-13 CE-5T1 实测数据两个弧段的 PDOP 值与分析计算值的比较

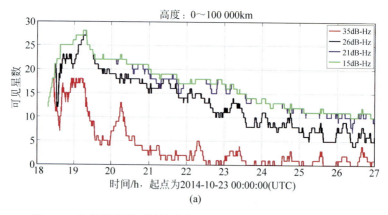

(a)

图 4-14 地月转移段不同轨道高度和载噪比门限对应的可见星数

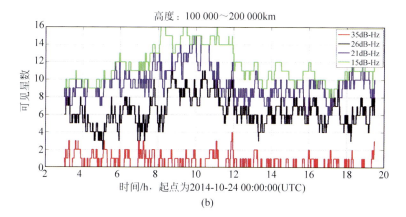

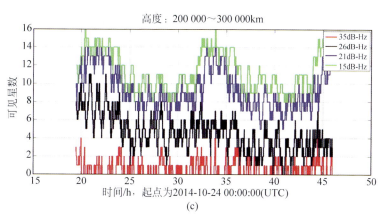

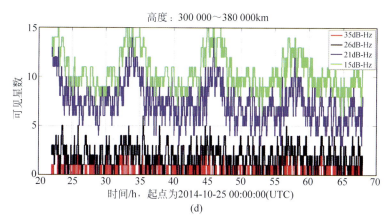

图 4-14(续)

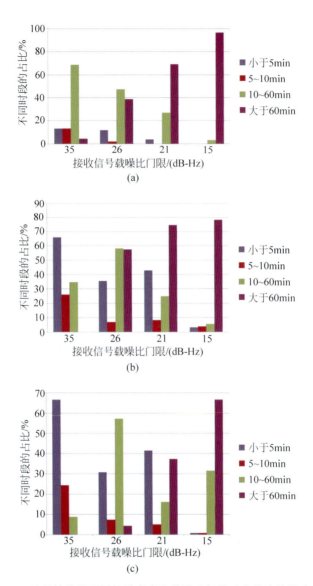

图 4-15 地月转移段不同轨道高度和载噪比门限对应的连续跟踪弧段
(a) 200～100 000km；(b) 100 000～200 000km；(c) 200 000～300 000km；
(d) 300 000～380 000km

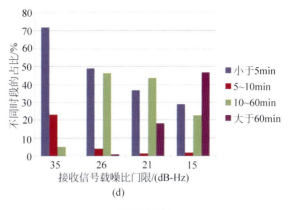

(d)

图 4-15（续）

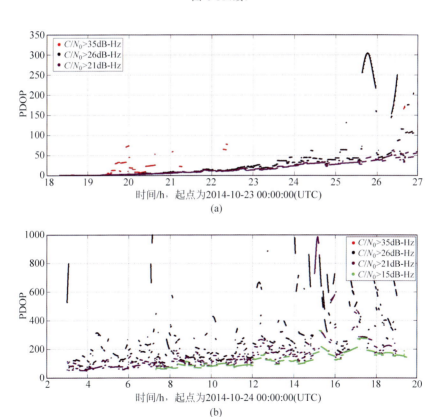

图 4-19　地月转移段不同轨道高度和载噪比对应的精度因子
（a）0～100 000km；（b）100 000～200 000km；（c）200 000～300 000km；
（d）300 000～380 000km

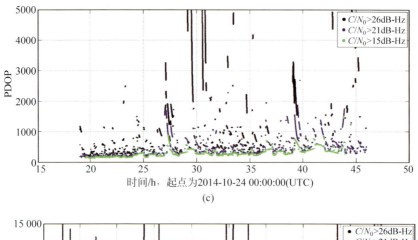

(c)

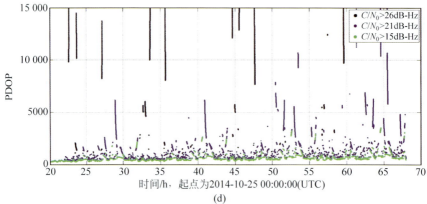

(d)

图 4-19（续）

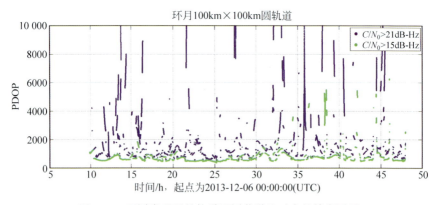

图 4-24　不同类型环月轨道不同载噪比对应的精度因子

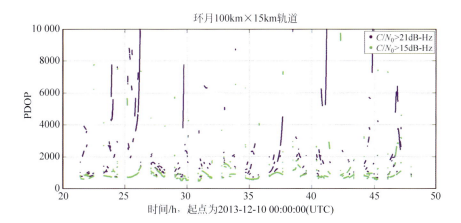

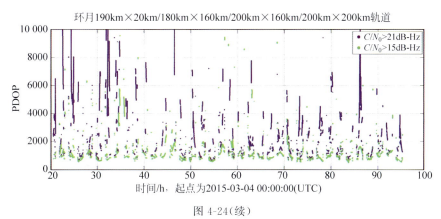

图 4-24(续)

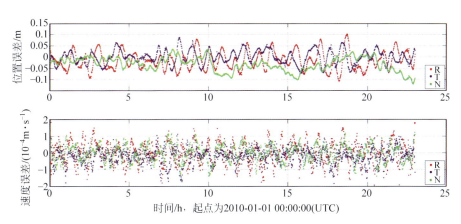

图 5-1 GRACE 卫星精密定轨结果与发布的精密轨道的比较
(图例中 R、T、N 分别表示径向、横向、法向)

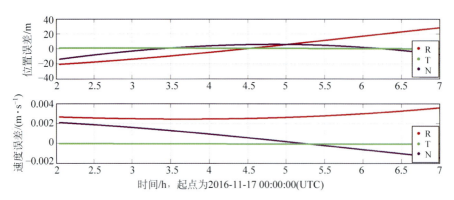

图 5-3　SJ-17 卫星单历元解算星历的动力学拟合和 GNSS 伪距精密定轨结果比较

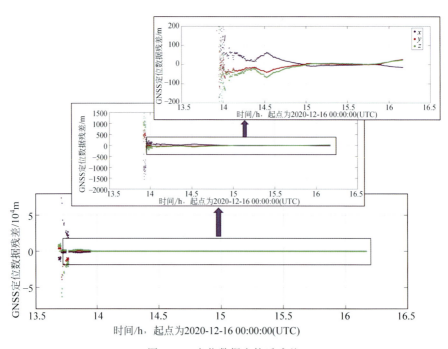

图 5-11　定位数据定轨后残差

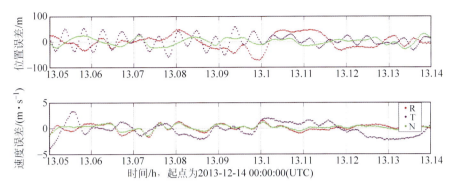

图 5-14 GNSS 数据确定动力下降段轨迹与遥测轨迹的比较

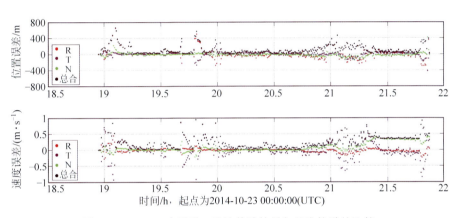

图 6-3 CE-5T1 中弧段 1 滤波估计结果与基准轨道的比较

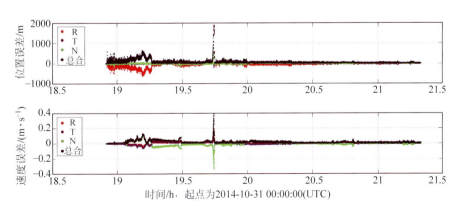

图 6-4 CE-5T1 中弧段 2 滤波估计结果与基准轨道的比较

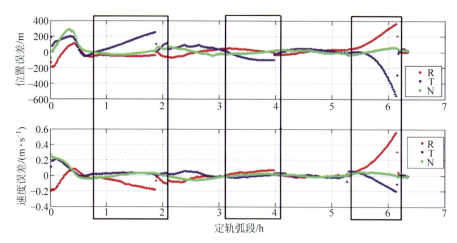

图 6-6　CE-5T1 环月段滤波估计结果与精密定轨结果的比较(情形 1)

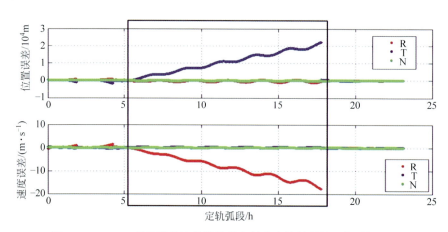

图 6-8　CE-5T1 环月段滤波估计结果与精密定轨结果的比较(情形 2)